家庭农场生态种养丛书

肉鸭

稻田生态种养 新技术

傅志强　龙攀　徐莹　余政军◎编著

U0304653

C⒮K 湖南科学技术出版社

图书在版编目（ＣＩＰ）数据

肉鸭稻田生态种养新技术 / 傅志强等编著. — 长沙:湖南科学技术出版社，2020.6
（2021.7 重印）
（家庭农场生态种养丛书）
ISBN 978-7-5710-0431-6

Ⅰ. ①肉… Ⅱ. ①傅… Ⅲ. ①肉用鸭－稻田－生态养殖
Ⅳ. ①S834

中国版本图书馆 CIP 数据核字(2019)第 275437 号

家庭农场生态种养丛书
ROUYA DAOTIAN SHENGTAI ZHONGYANG XINJISHU

肉鸭稻田生态种养新技术

编　　著：傅志强　龙　攀　徐　莹　余政军
责任编辑：李　丹
文字编辑：任　妮
出版发行：湖南科学技术出版社
社　　址：长沙市湘雅路 276 号
　　　　　http://www.hnstp.com
印　　刷：河北京平诚乾印刷有限公司
　　　　　（印装质量问题请直接与本厂联系）
厂　　址：河北省保定市高碑店市合作东路南侧 11 号
邮　　编：074000
版　　次：2020 年 6 月第 1 版
印　　次：2021 年 7 月第 2 次印刷
开　　本：880mm×1230mm　1/32
印　　张：5
字　　数：120000
书　　号：ISBN 978-7-5710-0431-6
定　　价：28.00 元

前　言

根据《全国农业可持续发展规划（2015—2030 年）》《"十三五"农业农村科技创新专项规划》以及《湖南省"十三五"农业现代化发展规划》要求，农业必须因地制宜，推广生态循环农业模式。特别是在当前全面建设小康社会、精准扶贫和实施乡村振兴发展战略的重要时期，更需要发展绿色安全高效的农业产业带动脱贫致富振兴农村经济。

近年来，我国供给侧结构性改革取得阶段性显著成效，经济运行呈现总体平稳，推进供给侧结构性改革，是适应和引领经济发展新常态的重大创新，是完成我国经济转型升级的突破口和着力点。2019 年中央一号文件提出以供给侧结构性改革为主线，围绕"巩固、增强、提升、畅通"八字方针来推进农业生产绿色化、优质化、特色化和品牌化；持续优化农业结构；着力推进农业绿色发展，推行绿色种养、生态循环等生产方式，开展农业节肥节药行动。坚持新发展理念，以推进农业供给侧结构性改革为主线，围绕农业增效、农民增收、农村增绿，加强科技创新引领，加快结构调整步伐，加大农村改革力度，提高农业综合效益和竞争力。

在我国深入推进农业供给侧结构性改革进程中，湖南省 2016 年一号文件则结合自身"十三五"农业农村发展情况，提出以"创新、协调、绿色、开发、共享"五大理念为发展主线，适时适度调整粮食种植结构，"强基础、优品质、提单产、增效益、稳总产"的粮食生产发展思路，并通过扩大优质稻、绿色防控、种养结合等措施，提高粮食生产的质量、单产和效益。在种植水稻的同时，发展稻田养鸭、养鱼、养虾、养蛙、养鳖、养泥鳅等多样化共生模式，是实现绿色增效的重大举措和有效途径，既可为"调结构、转方式"提供样板，又可为"稻十"途径提供样板。2017年继续提出了"大力发展优质稻，做优做强湘米工程"的粮食生产指导意见，优质、高产、绿色成为水稻生产的主旋律。2018年一号文件提出，要以农业供给侧结构性改革为主线，围绕建设以精细农业为特色的优质农副产品供应基地，推进质量强农、产业融合强农、特色强农、品牌强农、科技强农、开放强农六大行动，加快建设农业强省。2019年湖南省委一号文件结合自身"十三五"科技创新规划实施情况，提出大力发展绿色循环农业；构建农业绿色产业体系，加强农业投入品管控和绿色生产技术应用，推动农药化肥使用量负增长；并开展种养循环农业试点示范，推广再生稻，力争2019年新增稻渔综合种养50万亩以上。湖南省发展稻田生态种养具有很好的基础，既能保证农产品质量安全，又能绿色环保提质增效，有利于提升食品安全水平，有利于农业提质增效，有利于农田环境保护，有利于实现"鱼米之乡"品牌的复兴。同时，它也必将为湖南省"精准扶贫"实现提供样板，为贫困农民增收致富提供新途径。

众所周知，我国以世界上8%的耕地养活22%的人口。生产要素的优化、匹配理念与技术的来源，离不开中国经典农耕文化。稻田生态种养作为"全球重要农业文化遗产"，已经历数千年的发展，近年来尤其得到广泛的关注。稻田养鸭是稻田生态种养中的一种模式，肉鸭水稻生态种养由稻田养鸭演化发展而来，它是一种基于稻田生态环境、利用水稻生长与鸭子生活特点而形成的复合农业模式。肉鸭水稻生态种养利用肉鸭旺盛的杂食性，吃掉稻田内的杂草和害虫；利用鸭肥沃的粪便培肥土壤，促进水稻生长；利用肉鸭不间断的活动产生中耕浑水效果，刺激水稻生长。反过来，稻田则为肉鸭提供生活、劳作和休息的场所，以及丰富的食源和充足的水环境，二者相互影响，相互依赖，相得益彰。肉鸭水稻共生系统中稻鸭两者同处稻田空间，但利用的是不同空间的资源与优势，处于不同的生态位，是一种立体种养生态农业模式。

以继承传统农业精华为基础发展起来的规模化稻鸭共生，作为一种典型的立体复合种养农作模式，既具有传统农业的生产功能，还具备新型农业社会所注重的生态农业功能和农业文化传承功能，是现代生态农业和观光农业的典型载体。因此，现在广泛推广肉鸭水稻生态种养这项农业核心技术，具有重要的意义。

一是可以提高资源利用率，做到"一水两用、一田双收，稻鸭共赢"。肉鸭稻生态种养技术能因地制宜，趋利避害，充分利用当地农业自然资源，最大限度将作物、环境和措施三者协调发展，最大限度地把光能转化为化学能。水既是水稻生长的必需物质之一，也是肉鸭生活必须具备的环境条件之一。在不减少水稻产量的前提下，同一块田地，既能收获水稻，又能收获一定数量的肉鸭，增加农民收入，真正实现了稻鸭双丰收。

二是节本增效。成本包括两部分，种植成本和养殖成本。肉鸭稻共生系统中，肉鸭进入稻田以后不停地捕食稻田内的害虫、菌核和杂草，减少了农药和除草剂的使用；另因鸭粪可以替代部分化肥，还可以减少化肥用量，如此就节约了种植成本。而肉鸭成天在稻田里活动觅食，不需投喂太多饲料，减少了养殖成本。据调查，肉鸭稻共生稻田可以借助一些生物防治手段做到完全不打农药不施除草剂，每亩每季可省药85元；减少使用化肥每亩可省肥80元；即每亩可减少种植成本共165元。养殖方面，一般肉鸭稻共生系统共生期内可比单独的鸭养殖场少投喂30%左右的饲料，按每亩放养25只鸭的数量计算可省饲75元。即便养鸭稻田因搭建鸭棚围网每亩需要35元的成本，但与鸭单独养殖相比，仍节省了40元。综合来看，肉鸭稻共生在规模化条件下，每亩可减少205元的成本投入，增加效益。不打农药、不施或少施化肥的稻鸭共生系统生产出来的农产品可为有机或绿色食品创造条件，价格比普通农产品高

20%以上，且随需求量增加有上升趋势。单以稻米进行计算，每亩稻田稻谷产量计 400 千克，普通稻谷价格为 2.7 元/千克，肉鸭稻生态稻谷价格至少可卖 3.3 元/千克，那每亩可增加 240 元的稻谷收入。除了稻谷以外，与常规水稻单作相比，稻鸭共生稻田还有无公害鸭产品收入，以普通家鸭产品来算，除去成本每亩稻田可增加 150 元的鸭产品收入。可见肉鸭稻共生可以产生较好的经济效益，而如果将普通家鸭换成野鸭还可产生更高的效益。

　　三是提高农产品品质。①提高稻米营养品质。作物产品的品质是指产品的优质程度，内容非常丰富，涉及农产品的实用性、安全性和商品性三个方面，其中又以实用性指标包含的内容最多，包括作物产品的营养性状、工艺性状、加工性状和生命活动性状。具体到稻米的品质包括出糙率、精米率、整精米率、垩白度、米粒长度及形状、糊化温度、胶稠度、直链淀粉、稻米粗蛋白质等。肉鸭稻共生能够明显改善稻米品质，多项研究表明，肉鸭稻共育的稻米出糙率、整精米率、胶稠度、垩白率等各项品质性状均优于常规栽培的稻米。且据农业部食品质量监督检测中心测定，肉鸭稻生态种养稻米的氯化物、氰化物、磷化物、马拉硫磷、砷和汞的含量均比国家规定的允许限量大幅度减少，减轻了稻米农药污染，提高了安全性。②肉鸭水稻共生还可提高鸭肉品质。肉鸭稻共生系统鸭长期生活在稻田内，活动量大，野生性食源丰富，有利于改善鸭肉的品质。据研究发现，肉鸭稻共生一定程度上提高了鸭肉的 pH 值、肉黄度以及熟肉度，pH 值与吸水能力有关，一般情况下当宰后肌肉 pH 值下降，肌肉组织的蛋白质保持内含水分的能力随之降低，肌肉 pH 值越高，其失水率就越低，吸水能力就越强；因此，肉鸭稻共生有提高鸭肉锁水能力，提高鸭肉的嫩度以及熟肉率的趋势，从而改善了鸭肉品质。由于常规鸭在地上平养能量摄入较多，活动量相对少，肌内脂肪的沉积多，而肉鸭稻生态种养活动量大，能量消耗多，肌内脂肪的沉积少，因此与常规鸭肉相比，肉鸭稻共生的鸭肉皮脂厚、腹脂率降低、腿肉率提高，可见通过肉鸭稻共生可以提高鸭肉的屠宰品质，改善鸭肉的口感。

四是保护生态环境，提高生态效益。首先，肉鸭稻共生系统中鸭子日夜在田间捕食、搅拌、践踏可为稻田啄虫除草；鸭在水稻行间不停走动能促进群体内空气流动，提高稻株抗性，综合减少水稻病虫草害的发生，使水稻生产过程中可不施农药与除草剂。其次，鸭子日夜生活于田间，产生的鸭粪留于田间可增加稻田养分，提高土壤肥力，减少稻田化肥用量。第三，鸭子在行走活动过程中，不停地搅拌水体，加速水体与土壤、外界的空气流通，使水中溶氧量增加，提高土壤的氧化性，降低甲烷排放速率，从而达到减少温室气体排放的效果。

本书作者多年探索肉鸭稻田生态种养原理与技术，成功地解决了鸭苗孵化与幼鸭培育、肉鸭田间管理（食物投喂、驯化、田间水分管理、下田与上岸时间、水稻病虫害防治时的鸭子管理等）、肉鸭稻共生技术等问题。本课题组已在湖南省浏阳市实现了规模化肉鸭水稻生态种养，取得了一定的经济效益、生态效益和社会效益。为满足广大农民朋友种稻增收的需求，特编写此书，供大家参考。

目　录

第一章　肉鸭品种选择

第一节　肉鸭品种及其生长特性

一、我国的肉鸭品种

1. 北京鸭（图 1-1，图 1-2）

（1）产地与特点：北京鸭是世界最优良的肉鸭标准品种。原产于北京近郊，现分布于世界各地，具有生长快、繁殖率高、适应性强和肉质好等优点，尤其适合加工烤鸭。

（2）外貌特征：北京鸭体形硕大丰满，体躯长方形，头大颈粗腿短；全身羽毛丰满、紧凑、洁白、没有杂色；眼大而明亮，虹彩蓝灰色；前躯昂起，背宽平，胸丰满，胸骨长而直；翅小，紧贴体躯；喙宽厚，喙、胫、蹼呈橙黄或橘红色。公鸭头大，体躯方正且长，尾部有 4 根上卷的雄性羽；母鸭体躯方正而宽，腹部丰满，尾尖稍呈弧形，腿粗短、蹼宽厚，腿、蹼橘黄色或橘红色。初生雏鸭绒羽金黄色，称为"鸭黄"；随日龄增加颜色逐渐变浅；28 日龄前后变成白色；60 日龄羽毛长齐，喙、腿、蹼呈橘红色。

（3）生产性能：①生长速度和产肉性能。北京鸭初生雏鸭体重58～62 克，3 周龄体重 1.75～2.00 千克，9 周龄体重 2.50～2.75千克。"Z 型"北京鸭配套系 7 周龄平均体重 3.10 千克，料肉比2.3∶1，与英国樱桃谷超级肉鸭 SM 商品代的生产性能相似。成年公鸭体重为 4.00～4.50 千克，母鸭体重为 3.50～4.00 千克。公、母鸭半净膛屠宰率分别为 91.62% 和 91.32%；全净膛屠宰率分别为 84.02％和 84.43％；胸腿肌占胴体的比例分别为 18.00％和 18.50％。此外，80～90 日龄北京鸭及其与番鸭杂交产生的半番鸭生长快、肉质好、饲料利用率高，而且肥肝性能良好，填饲 2～3 周每只可产肥肝 300～400 克。②产蛋性能与繁殖性能。母鸭性成熟期 150～180 日龄。公母鸭的配种比例为 1∶5，经选育的鸭群产蛋量为 200～240 枚，核心群产蛋量已达到 296 枚。蛋重 90～100 克，蛋壳乳白色。种蛋平均受精率 90％以上，受精蛋孵化率 80％～90％。一般生产场一只母鸭可年产 80 只左右的肉鸭或填鸭。公鸭利用年限 1～2 年，母鸭 2～3 年。

图 1-1　北京鸭成鸭

图 1-2　北京鸭鸭苗

2. 天府肉鸭（图 1-3）

（1）产地与特点：天府肉鸭是四川农业大学等单位，采用建昌鸭与四川麻鸭杂交配套选育而成的二系配套大型肉鸭新品种。具有生长速度快，饲料转化率高，胸、腿比率较高，饲养周期短，适于集约化饲养、经济效益高等优点，是制作烤鸭、板鸭的上等原料。

（2）外貌特征：天府肉鸭体形硕大丰满，体质结实紧凑，羽毛紧密，头秀颈长，胸部发达、突出。公鸭体形狭长，性指羽 2～4 根、向背弯曲；母鸭腹部丰满，羽色以褐麻雀色居多、较杂，在颈下部 2/3 处有一白色颈圈，胫呈橘红色。

（3）生产性能：天府肉鸭祖代父本品系成年母鸭体重为 3.10～3.20 千克，公鸭体重为 3.30～3.32 千克；祖代母本品系成年母鸭体重为 2.70～2.80 千克，公鸭体重为 3.00～3.10 千克。父母代成年母鸭体重为 2.80～2.90 千克，公鸭体重为 3.20～3.30 千克。祖代与父母代种鸭开产日龄 180～190 天，年产合格种蛋 230～250 枚，蛋重 85～90 克，受精率达 90% 以上。商品代肉鸭 35 日龄和 49 日龄体重分别达到 2.31 千克和 2.84 千克，料肉比分别为 2.31∶1 和 2.84∶1，在 35～49 日龄内体重与料肉比呈极显著正相关。天府肉鸭上市体重是影响养鸭经济效益的重要原因之一，何时出栏是广大养殖户关心的问题。从屠体品质的角度推荐，以水盆鸭出售，可在 4 周龄左右上市；以烤鸭和板鸭为目的，大约在 6 周龄上市为宜；用于生产分割肉，则应以 7～8 周龄较为理想。

图 1-3　天府肉鸭

3. 芙蓉鸭（图 1-4，图 1-5）

（1）产地与特点：芙蓉鸭由上海市农业科学院畜牧兽医研究所培育，是我国优良的瘦肉型配套系肉鸭。具有早期生长快，繁殖力强，耗料省，瘦肉率高等优点。芙蓉鸭因制种过程中引入野鸭血统，肉质鲜嫩，带野鸭风味，颇受消费者欢迎。

（2）外貌特征：芙蓉鸭体形较大，体羽白色，头颈粗短，胸宽厚，肌肉丰满。

（3）生产性能：芙蓉鸭商品代肉鸭 8 周龄体重可达 2.82～2.97 千克，屠宰率达 82％，料肉比为 2.85∶1，胴体胸肌率达 16.5％～16.9％，肌肉含脂率低，是目前国内含脂率最低的肉鸭品种。种鸭 26～65 周龄入舍母鸭产蛋量达 209 枚。

图 1-4　芙蓉鸭鸭苗

图 1-5　芙蓉鸭成品

4. 仙湖 3 号

（1）产地与特点：仙湖 3 号是佛山科学技术学院以仙湖 2 号鸭、樱桃谷鸭及狄高鸭商品肉鸭为素材，采用家系选育与个体选择相结合，培育的二系配套瘦肉型鸭新品系。具有生长快、种鸭繁殖率高、适应性和抗病力强、饲料转化率高等优点。适合舍内网上饲养、陆地旱养以及水边圈养等。

（2）外貌特征：仙湖 3 号外形与北京鸭、樱桃谷鸭大致相同，体形大；雏鸭绒毛呈浅黄色，成鸭全身羽毛呈白色，少数鸭间有黑色杂羽；体躯倾斜度较小，几乎与地面平行，颈粗短，背长阔，胸部宽阔；鸭喙橙黄色，少数呈肉白色；脚较矮，均为橘红色。

（3）生产性能：仙湖 3 号父母代母鸭 175～182 日龄开产，种鸭 40 周龄的产蛋量 210～220 枚，公母配比 1∶（5～7），种蛋受精率 90％以上，受精蛋孵化率 93％，每只母鸭年平均可提供商品鸭苗 170 只。母系种鸭 49 日龄活重 3.57 千克，49 日龄料重比2.93∶1，56 日龄胸腿肌率 27.14％；父系种鸭 49 日龄活重 3.69 千克，料重比 2.77∶1，56 日龄胸腿肌率 27.16％；配套杂交生产的商品肉鸭 49 日龄活重 3.30 千克，料重比 2.57∶1，49 日龄胸腿肌率 28.3％。

5. 番鸭（图 1-6，图 1-7）

（1）产地与特点：番鸭的别名很多，在我国多被称为瘤头鸭，福建称之为全番、正番或红鼻番，台湾称之为生番鸭或哑鸭，海南琼海加积镇的当地人称之为加积鸭。此外，番鸭在我国还有疣鼻栖鸭、疣子鸭、无声天鹅、姜母鸭、红面鸭等别名。番鸭原产于南美洲和中美洲热带地区，据记载，在 270 多年前由东南亚引入中国，在我国经过长期的风土驯化与饲养，已成为极为重要的肉用鸭种。由于番鸭肉质细嫩，味道鲜美，肌肉蛋白质含量高达 33％～34％，是强力滋补的佳品。

（2）外貌特征：番鸭在形态特征上与其他家鸭相比颇有差异。头大颈粗短，体形前宽后窄呈纺锤形，体躯与地面呈水平状态；自眼至喙的周围无羽毛，喙基部和眼周围有红色或黑色皮瘤，公鸭比母鸭发达；头顶有一排纵向羽毛，受惊时竖起呈刷状；胸部宽而平，腹部不发达，尾部较长；翅膀大而有力，翅尖伸长达尾部，能低飞；腿短而粗壮，趾爪硬而尖锐；喙较短窄。公鸭在繁殖季节可散发出麝香气味，故称为麝香鸭。

番鸭主要有黑、白、黑白花 3 种羽色，极少数为赤褐色和银灰色。黑色番鸭羽毛有黑绿色光泽，皮瘤黑红色且较单薄，喙红色带黑斑，胫蹼黑色，虹彩浅黄色，有的番鸭有几根白色的复翼羽。白色番鸭皮瘤鲜红而肥厚，喙呈粉红色，胫蹼橘黄色，虹彩蓝灰色，另有一变种头上有一撮黑毛。黑白花番鸭喙为红色，上喙有黑斑点，胫蹼暗黄色或有黑斑点。

（3）生产性能：成年公鸭体重为 3.00～3.50 千克，母鸭体重为 2.00～2.50 千克。母鸭开产日龄为 180～210 天，平均年产蛋 80～120 枚，蛋重 70～80 克，蛋壳呈玉白色。公母番鸭配种比例在 1：（6～8）时，种公鸭利用年限为 1～1.5 年，种母鸭一般利用期为 2 年，每季产蛋后即自行孵化，每羽可孵种蛋 20 枚左右，孵化期为 35～40 天。种蛋受精率为 85%～95%，受精蛋孵化率为 80%～85%，初生重 40～42 克。番鸭的早期生长速度较快，3～10 周龄增重最快，10 周龄后增重开始减缓。公、母鸭增重差异较大，10 周龄时公、母鸭体重分别为 2.78 千克和 1.84 千克。成年母鸭的半净膛屠宰率为 84.90%，全净膛屠宰率为 75.00%；公鸭的半净膛屠宰率为 81.4%，全净膛屠宰率为 74.0%。番鸭胸腿肌发达，母鸭胸腿肌占全净膛屠体重的比率可达 29.74%，公鸭可达 29.63%。番鸭较家鸭耐填饲，残鸭比例少，肥肝质量高。10～12 周龄的番鸭经填饲 2～3 周，肥肝可达 300～353 克，肝料比 1：（30～32）。番鸭的尾脂腺分泌较少，不一定要饲养在有水的环境里，在陆地上也可以配种，但有时要用人工辅助。

图 1-6　番鸭群

图 1-7　番鸭成鸭

6. 白番鸭 RF 系

（1）产地与分布：以白番鸭 F 系（福建白番鸭）和 R_{51} 系（法

国白番鸭）为素材，采用"不完全双列杂交法"进行杂交，通过配合力测定，筛选出高产优质杂交组合（白番鸭 RF 系），达到法国 R_{51} 系番鸭的生产水平。目前，在继代选育的基础上，白番鸭 RF 系核心种番鸭群保持在 2000 只以上，每年直接或间接向福建、广西、湖南、四川、浙江等省、自治区推广 5 万余只种苗。

（2）生产性能：RF 系的亲本父系（RB 系）早期生长速度较 R 系和 F 系快，且耗料省、抗逆性强。6 周龄公母番鸭平均体重分别达 1.37 千克和 1.08 千克。母系（FC 系）86 周龄平均产蛋 189 枚，平均蛋重 85.65 克。种蛋平均受精率、受精蛋平均孵化率和成活率分别达到 92%、85% 和 94%，均达到或超过 R_{51} 系水平。

RF 系商品代（肉番鸭）：10 周龄公母番鸭平均体重分别达 3.76 千克和 2.50 千克，料肉比分别为 2.9∶1 和 3.0∶1，60～70 天全身羽毛长齐达到上市要求。公母番鸭平均全净膛屠宰率为 76%；胸腿肌率达 31.55%，高于法国 R_{51} 系白番鸭（31.14%）；肌肉蛋白质含量 21.27%，高于 R_{51} 系白番鸭（19.76%）。

二、引进的肉鸭品种

1. 樱桃谷鸭（图 1 - 8，图 1 - 9）

（1）产地与特点：樱桃谷鸭由英国林肯郡樱桃谷公司引进我国北京鸭和埃里斯伯里鸭为亲本，经杂交育成 9 个品系：白羽系 L_2、L_3、ML、S_1 和 S_2，杂色羽系 C_{13}、CM_1、CS_3 和 CS_1，再经配套系选育而育成 X - 11 杂交鸭，是世界著名的肉用型品种，具有生长快、饲料转化率高、瘦肉率高、净肉率高、适应性广、抗病力强，可适应不同的环境等优点。

（2）外貌特征：樱桃谷鸭由于含北京鸭血液，故体形外貌酷似北京鸭，属大型肉鸭。雏鸭绒毛呈淡黄色，成年鸭全身羽毛洁白、头大、额宽、鼻背较高；喙黄色，少数呈肉红色；颈平而粗短；翅膀强健，紧贴躯干；背宽而长，从肩到尾部稍倾斜，胸部较宽深；

肌肉发达，脚粗短，胫、蹼均为橘红色。

（3）生产性能：樱桃谷鸭成年公鸭体重为 4.0～4.5 千克，成年母鸭体重为 3.5～4.0 千克。父母代母鸭年产蛋 210～220 枚，年均产雏鸭 168 只。白羽 L_3 系商品鸭 47 日龄活重 3.09 千克，全净膛重 2.24 千克，料肉比为 2.81∶1，瘦肉率 70% 以上，胸肉率为 23.6%～24.7%。近年来育成的"樱桃谷超级 M"良种肉鸭，开产周龄 26 周，开产体重为 3.1 千克，在 40 周产蛋期内平均每只母鸭产蛋 220 枚，可孵雏鸭 178 只，蛋重 80～85 克，种蛋受精率为 88.7%，孵化率为 81.5%。SM 系超级肉鸭商品代饲养 7 周龄平均体重为 3.3 千克，料肉比为 2.6∶1～2.8∶1，半净膛屠宰率为 85.55%，全净膛屠宰率为 72.55%，胸肉率为 26.2%～29.5%，是烤鸭的上等原料。国内广泛利用樱桃谷公鸭与北京鸭、绍鸭和中型麻鸭杂交，获得了良好的配合力与杂交优势。

图 1-8　樱桃谷鸭鸭群

图 1-9　樱桃谷鸭成鸭

2. 奥白星鸭（图 1-10，图 1-11）

（1）产地与特点：奥白星鸭由法国克里莫公司培育而成，国内也称为雄峰肉鸭。1996 年成都克里莫雄峰育种公司首次从法国引进四系配套的奥白星 63 型祖代种鸭。奥白星鸭具有体形大、早期增重快、饲养转化率高、屠宰率高等特点。

（2）外貌特征：奥白星鸭外貌近似北京鸭，体形较大；雏鸭绒毛呈金黄色，4 周龄前后渐变成白色羽毛，成年鸭全身羽毛白色；体躯呈长方形，前胸突出，背宽平，体躯倾斜度小，几乎与地面平行；双翅较小，尾羽短而翘；喙橙黄色。公鸭尾部有 2～4 根向背部卷曲的性指羽；母鸭腹部丰满，腿粗短，蹼宽厚。

（3）生产性能：奥白星鸭父母代种鸭性成熟期为 170～180 日龄，开产体重 3 千克，42～44 周产蛋期内产蛋 220～240 枚，种蛋受精率为 92％～95％，公母配种比例为 1：（5～6）。商品代 42～49 日龄体重 3.3～3.7 千克，料肉比为（2.3～2.5）：1，屠宰胴体体重（去头颈、爪及内脏）67.8％，胸肉率（带皮）13.57％。

图 1-10　奥白星鸭成鸭

图 1-11　奥白星鸭鸭群

3. 丽佳鸭（图 1-12，图 1-13）

（1）产地与特点：丽佳鸭由丹麦丽佳公司育种中心育成。具有耐热、抗寒、适应性强，适于舍饲与半放牧等特点。其生长速度居肉鸭之冠，我国福建省泉州市建有父母代鸭场。丽佳鸭有 3 个配套系，其 L_1、L_2 配套系种鸭为新型优良肉用配套系，L_B 为瘦肉型鸭配套系。

（2）外貌特征：丽佳鸭外貌近似北京鸭，体形大小因品系而异，体羽白色，喙、胫红色。

（3）生产性能：丽佳鸭父母代生产性能，L_1、L_2 和 L_B 三品系母鸭开产时体重分别达到 2.90 千克、2.70 千克和 2.15 千克；公鸭交配时体重分别达到 3.80 千克、3.20 千克和 3.20 千克；40 周龄的入舍母鸭产蛋量分别为 200 枚、220 枚和 220 枚。商品代生产性能，L_1 品系 49 日龄体重达 3.70 千克，料肉比为 2.75∶1；L_2 品系 49 日龄体重达 3.30 千克，料肉比为 2.60∶1；L_B 品系 49 日龄体重达 2.90 千克，料肉比为 2.41∶1。

图 1-12　丽佳鸭成鸭

图 1-13　丽佳鸭鸭群

4. 狄高鸭（图 1-14，图 1-15）

（1）产地与特点：狄高鸭由澳大利亚狄高公司利用北京鸭采用品系配套方法育成。具有生长快，早熟易肥，体形硕大，屠宰率高等优点。该品种性喜干爽，能在陆地上交配，适于丘陵地区旱地圈养或网养。

（2）外貌特征：雏鸭绒羽黄色，换羽后羽毛白色。喙、胫、蹼橘红色，头大颈粗、胸宽，体躯稍长，胸肌丰满、胫粗短。

（3）生产性能：父母代种鸭 26 周龄开产，年产蛋 200～230 枚，公母配种比例为 1∶5，种蛋受精率 90% 以上，受精蛋孵化率 85% 左右，每只母鸭年提供商品代鸭苗 160 只左右。商品代鸭 7 周龄活重 3.00 千克，料重比为（2.90～3.00）：1，全净膛屠宰率79.7%～82.0%。

图 1-14 狄高鸭

图 1-15 狄高鸭

5. 枫叶鸭（图 1-16，图 1-17）

（1）产地与特点：枫叶鸭又名美宝鸭，是美国美宝公司培育的优良肉用品种。具有早期生长快、瘦肉率高、繁殖力高、抗热性能好、毛密、洁白等特点。广东省三水市畜牧科学研究所、珠海市广海种鸭场、湛江市畜牧局种鸭场等单位引进饲养。

（2）外貌特征：枫叶鸭体形较大，体躯前宽后窄呈倒三角形，背部宽平，公鸭头大颈粗，脚粗长，母鸭颈细长，脚细短；体躯倾斜度小，几乎与地面平行。雏鸭绒毛呈淡黄色，成年鸭全身羽毛白色；喙大部分为橙黄色，小部分为肉色；胫和蹼为橘红色。

（3）生产性能：父母代性成熟期为 175～185 日龄，公母配比 1:6，高峰期产蛋率达 91%，平均蛋重 88 克，蛋壳白色，每只母鸭年提供商品代鸭苗 160 只以上。商品代 49 日龄体重达 3.25 千克，料肉比为 2.80:1，半净膛屠宰率 84.0%，全净膛屠宰率75.9%，腿肌率 15.1%，胸肌率 9.1%，腹脂率 1.95%。

图1-16　枫叶鸭鸭群　　　　　　图1-17　枫叶鸭

6. 克里莫番鸭

（1）产地：克里莫番鸭又名巴巴里番鸭，是法国克里莫公司培育的配套系肉用鸭，已在四川省等地落户。

（2）外貌特征：克里莫番鸭体形似瘤头鸭，公、母体格差异较大。有三种羽色，即白色（R_{51}型、R_{71}型）、灰色（R_{31}型）和黑色（R_{41}型），都是杂交种，其体质强健，适应性强。

（3）生产性能：克里莫番鸭各配套系与传统品种相比具有体形大、生长快、瘦肉多和脂肪少等特点，各配套系之间的生产性能差异不大。目前饲养较多的为 R_{51} 型和 R_{71} 型。R_{51} 型、R_{71} 型父母代种鸭平均开产日龄 196 天，42 周龄平均产蛋 200 枚，种蛋受精率为 92%～93%，受精蛋孵化率 90%～94%。R_{51} 型商品鸭母鸭 70 日龄平均体重 2.70 千克，料肉比 2.80∶1；公鸭 88 日龄平均体重 5.00 千克。R_{71} 型商品鸭母鸭 70 日龄平均体重 2.85 千克，料肉比 2.80∶1；公鸭 88 日龄平均体重 5.30 千克，料肉比 2.80∶1。13 周龄时强制填饲玉米，经过 3 周肥肝重可达 400～500 克。

三、常见的肉蛋兼用型品种

1. 连成白鸭（图1-18，图1-19）

（1）产地与特点：连成白鸭又名绿嘴白鸭，其因主产于福建省西部的连城县而得名。分布于长汀、上杭、永安、清流和宁化等地。连成白鸭是中国麻鸭中独具特色的小型白色变种。具有滋阴降火、止血痢等功效，是当地民间传统的滋补良药。连城白鸭品种的形成主要是由于长期受山区生态环境的自然因素影响，以及当地群众对生产大量蛋品的选育，逐渐形成体形外貌和生产性能相对稳定，且适应当地山区田野放牧条件的小型蛋用鸭种。目前，福建省连城县建有原种场。

（2）外貌特征：连成白鸭体躯细长，结构紧凑结实，小巧玲珑；头秀长；喙宽，呈黑色，前端稍扁平，锯齿锋利；眼圆大外突；颈细长，胸浅窄，腰平直，腹钝圆且略下垂。公母鸭外表极为相似。全身羽毛洁白而紧密，成年公鸭尾端有 3～5 根卷曲的性羽。胫长有力，胫、蹼褐黑色，趾乌黑色。

（3）生产性能：连成白鸭平均初生重 37 克，30 日龄、60 日龄和 90 日龄平均体重分别为 351 克、687 克和 959 克。成年母鸭平均体重 1.32 千克，公鸭 1.44 千克。成年母鸭平均全净膛屠宰率 71.70%，公鸭 70.30%。母鸭平均开产日龄 118 天，平均年产蛋 260 枚，多者达 280 枚。公鸭性成熟期 110～120 天，公母鸭配种比例 1：（20～25）；平均种蛋受精率 92%，平均受精蛋孵化率 90%。公鸭利用年限 1 年，母鸭 2～3 年。

图 1-18　连成白鸭

图 1-19　连成白鸭

2. 高邮鸭（图1-20，图1-21）

（1）产地与特点：高邮鸭产于江苏省高邮、宝应、兴化等地，分布于江苏中部京杭运河沿岸的里下河地区。具有肉质好，觅食能力强，耐粗、杂食，善潜水，生长快且易肥，产蛋个大，且有较多的双黄蛋，饲料报酬高，适于放牧饲养等特点。高邮鸭蛋为食用之精品，口感极佳，其质地具有鲜、细、红、油、嫩、沙的特点，蛋白凝脂如玉，蛋黄红如朱砂。

（2）外貌特征：高邮鸭体躯呈长方形，胸深背阔肩宽，发育匀称，具典型的兼用型种鸭体形。喙豆黑色，虹彩深褐色，爪黑色。公鸭体形较大，头和颈上部羽毛深绿色，有光泽，背、腰、胸部均为褐色芦花羽，腹羽黑色，喙青绿色，胫、蹼橘红色，有"乌头白裆青嘴雄"之称；母鸭颈细长，羽毛紧密，后躯发达，体羽褐色，杂有黑色细斑，呈麻雀色，胫、蹼灰褐色。雏鸭羽色为黑斗星，青喙、黑喙豆，黑线背，黑尾巴，黑腔，黑蹼，黑爪。

（3）生产性能：平均初生重50克，70日龄平均体重2.30千克，成年母鸭平均体重2.65千克，公鸭平均体重2.70千克。60日龄母鸭平均半净膛屠宰率82.90%，公鸭83.90%；60日龄母鸭平均全净膛屠宰率73.73%，公鸭72.09%。母鸭平均开产日龄110～140天，平均年产蛋150枚，高者可达235枚，平均蛋重82克。公母鸭配种比例1∶（25～30）。平均种蛋受精率90%以上，平均受精蛋孵化率85%。公鸭利用年限1～2年，母鸭2～3年。

图1-20 高邮鸭

图1-21 高邮鸭鸭群

3. 巢湖鸭 (图 1-22, 图 1-23)

(1) 产地与特点: 巢湖鸭主产于安徽省中部, 巢湖市居巢区、庐江、肥西、肥东、舒城、无为、和县、含山等地。具有体质健壮, 行动敏捷, 抗逆性强, 采食性能好等特点, 是制作无为熏鸭和南京板鸭的良好材料。

(2) 外貌特征: 巢湖鸭体形中等大小, 呈长方形, 结构紧凑。公鸭头、颈上部羽毛呈墨绿色, 有光泽, 前胸和背腰部羽毛褐色, 缀有黑色条斑, 腹部白色, 尾羽黑色, 喙黄绿色, 虹彩褐色, 胫、蹼橘红色, 爪黑色; 母鸭体羽浅褐色, 缀黑色细条纹, 呈浅麻细花形, 翼部有蓝绿色镜羽, 眼上方有白色或浅黄色眉纹。

(3) 生产性能: 平均初生体重 49 克, 70 日龄平均体重 1.50 千克, 90 日龄平均体重 2.00 千克; 成年公鸭平均体重 2.50 千克, 母鸭 2.00 千克。成年公母鸭平均半净膛屠宰率 84.10%, 平均全净膛屠宰率 73.00%。母鸭平均开产日龄 150 天, 平均年产蛋 180 枚, 平均蛋重 70 克。公母鸭配种比例 1: (25~33), 平均种蛋受精率 90%, 平均受精蛋孵化率 92%。公鸭利用年限 1 年, 母鸭 2~3 年。

图 1-22 巢湖鸭

图 1-23 巢湖鸭

4. 建昌鸭 (图 1-24, 图 1-25)

(1) 产地与特点: 建昌鸭以生产大肥肝而闻名, 故有 "大肝鸭" 的美誉。主产于四川省凉山彝族自治州境内的安宁河谷地带的西昌、德昌、冕宁、米易和会理等县。具有生长迅速、体大肉多、易于填肥、肥肝重而大等特点。2000 年被列入国家畜禽品种资源保护品种。目前，在四川省德昌县建有种鸭场。由于当地素有腌制板鸭、填肥取肝和食用鸭油的习惯，因而促进了建昌鸭肉用性能及肥肝性能的提高。

（2）外貌特征：建昌鸭体形中等大小，体躯宽阔，头大颈粗。公鸭头、颈上部羽毛墨绿色，有光泽，颈下部 1/3 处有一白色颈圈，尾羽、性羽黑色，喙墨绿色，前胸及鞍羽红褐色，腹羽银灰，故有"绿头、红胸、银肚、青嘴公"之称；母鸭羽毛褐色，有深浅之分，以浅褐色麻雀羽居多，喙呈黄色。建昌鸭约有 15％的白胸黑鸭，其公母羽毛相同，前胸白色，体羽乌黑，喙、胫、蹼黑色。

图 1-24　建昌鸭公鸭　　　　图 1-25　建昌鸭母鸭

（3）生产性能：建昌鸭平均初生体重 47 克，30 日龄和 60 日龄平均体重为 390 克和 1314 克；成年母鸭平均体重 2.05 千克，公鸭 2.40 千克。经填肥 21 天的 210 日龄母鸭平均全净膛屠宰率 77.30％，公鸭 78.70％；半舍饲 180 日龄母鸭平均全净膛屠宰率 74.50％，公鸭 72.30％。成年鸭或接近于成年鸭的青年鸭，经人工强制填饲 2～3 周可得肥肝 200～400 克。母鸭平均开产日龄 165 天，平均年产蛋 150 枚，平均蛋重 72 克。公鸭性成熟期 110～130

天。公母鸭配种比例1∶（7～9）。平均种蛋受精率和受精蛋孵化率均为90％。公母鸭利用年限1～2年。

5. 大余鸭（图1-26）

（1）产地与特点：大余鸭主产江西省大余县，分布于赣西南的遂川、崇义、赣县、永新等县和广东省的南雄县。以大余鸭腌制的南安板鸭（大余旧称南安）在粤、港、澳以及东南亚地区久负盛名，其特色是皮薄肉嫩、骨脆可嚼、腊味香浓、耐人寻味。

（2）外貌特征：大余鸭体形中等大小，不具白色颈圈。翼部有墨绿色镜羽。喙青色，胫、蹼青黄色。公鸭头、颈、背部羽毛红褐色，少数个体头部有墨绿色羽。母鸭体羽褐色，杂有较大的黑色雀斑，故有"大粒麻"之称。

（3）生产性能：大余鸭成年母鸭体重为2.15千克，公鸭体重为2.17千克。年产蛋量180～220枚，平均蛋重70克，蛋壳白色。母鸭180～200天开产，公母配比为1∶10，种蛋受精率为81％～91％，受精蛋孵化率达90％以上。放牧条件下，90日龄仔鸭活重1.40～1.50千克，再经1个月的育肥，体重达1.9～2.0千克，即可屠宰加工板鸭。公、母鸭半净膛屠宰率分别为84.1％、84.5％，全净膛屠宰率分别为74.9％、75.3％。

图1-26　大余鸭

6. 昆山麻鸭（图1-27，图1-28）

（1）产地与特点：昆山麻鸭系江苏省苏州地区培育的肉蛋兼用型品种。采用北京鸭与当地娄门鸭杂交，经过14年的选育和推广，于1978年通过鉴定。以适宜加工卤鸭、盐水鸭和板鸭而著称。

（2）外貌特征：昆山麻鸭体形似北京鸭，头大颈粗，体躯呈长方形，宽而且深。羽毛似娄门鸭。公鸭头、颈上部羽毛墨绿，有光泽，体背部和尾羽墨褐色，体侧灰褐色有芦花纹，腹部白色，翼部镜羽墨绿。母鸭全身羽毛深褐色，缀黑色麻雀斑纹，眼上方有白眉，翼部有墨绿色镜羽。喙呈青绿色，胫、蹼橘红色。

（3）生产性能：昆山麻鸭成年公鸭平均体重3.57千克，母鸭3.32千克。开产日龄180天左右，年产蛋量140～160枚，平均蛋重80克，蛋壳乳白色，少数青色。60日龄公鸭平均半净膛屠宰率82.60％，母鸭82.80％；60日龄公鸭平均全净膛屠宰率72.07％，母鸭71.20％。公母鸭配种比例1：（10～25），种蛋受精率84.50％～92.40％，平均受精蛋孵化率81.50％。公母鸭利用年限2～3年。

图1-27　昆山麻鸭　　　　　图1-28　昆山麻鸭鸭群

7. 白洋淀麻鸭

（1）产地与特点：白洋淀麻鸭主产于河北省安新县、雄县、任丘境内的白洋淀一带而得名，高阳、文安、容城、大城等环白洋淀的洼淀地区及周围其他地区也有分布。据调查，白洋淀麻鸭的形成可能来源于江苏的高邮麻鸭和山东的微山麻鸭，距今有 100 多年的历史。

（2）外貌特征：白洋淀麻鸭体形较小，后躯较大，呈楔形；头中等大小；喙黄色、黑色或青绿色；颈细长。公鸭头部多为青绿色，颈部常有一圈白色羽毛。母鸭羽毛类似麻雀。肤色黄色、白色，以黄色居多。蹼黄色或黑色。雏鸭约 100 日龄长齐全身羽毛。

（3）生产性能：白洋淀麻鸭成年公鸭平均体重 2.08 千克，母鸭平均体重 1.85 千克；成年鸭平均全净膛屠宰率 74.0%，平均半净膛屠宰率 83.1%。母鸭平均开产日龄 275 天；平均产蛋，第一个产蛋年 100 枚，第二个产蛋年 120～130 枚，第三个产蛋年 130～150 枚，第四个产蛋年 110～120 枚，第五个产蛋年 100～110 枚。公母鸭配种比例 1∶（15～20）。平均种蛋受精率 80%，平均受精蛋孵化率 90%。公鸭利用年限 1～2 年，母鸭 2～3 年。

8. 固始鸭（图 1-29）

（1）产地与特点：固始鸭主产于河南省固始县，分布于周边地区。具有体质强健、易育肥等特点。

（2）外貌特征：固始鸭体形较大，背宽而平，体躯呈窄长方形。喙黄绿色，虹彩褐色。有白眉、黄眉之分，颜面粉白色。颈细长。公鸭头、颈羽绿色，有白颈圈、镜羽，胸、腹羽白色，尾羽黑色。母鸭羽色棕黄（俗称大红褐）、黑麻及橘黄。胫、蹼橘红色或黑红色。

（3）生产性能：固始鸭平均初生重 52 克，30 日龄平均体重 370克，70 日龄平均体重 1.10 千克，成年公鸭平均体重 1.87 千克，母鸭平均体重 1.74 千克。成年公鸭平均半净膛屠宰率 81.48%，母鸭77%；成年公鸭平均全净膛屠宰率

图 1-29　固始鸭

74％，母鸭 70％。母鸭平均开产日龄 190 天，平均年产蛋 130 枚，平均蛋重 80 克。公鸭性成熟期 150 天，公母鸭配种比例 1：25；平均种蛋受精率 90％，平均受精蛋孵化率 90％。公鸭利用年限 1～2 年，母鸭 2～3 年。

9. 沔阳麻鸭（图 1-30，图 1-31）

（1）产地：沔阳麻鸭主产于湖北省沔阳县，分布于荆州地区以及湖北省内的嘉鱼、汉川、汉阳、应城、英山、黄陂、孝感、咸宁等地。

（2）外貌特征：沔阳麻鸭体形较大，呈长方形。喙青黄色或铁灰色，喙豆黑色，虹彩栗红色。母鸭颈细，身长，背平，臀宽，腹部深广，羽毛细密紧凑；全身均为斑纹细小的条状麻色，有深麻和浅麻两种，以浅麻居多；主翼羽呈青黑色；胫橘黄色，蹼乌，爪黑。公鸭体长，头方，眼大且有神，颈长且灵活，背宽而胸深；头颈上半部和主翼羽孔雀绿色，有金色光泽，颈下半部和背腰褐色，臀部黑色；胸腹部和主翼羽白色，俗称"青头白裆"；胫长，蹼大，呈橘黄色。

（3）生产性能

沔阳麻鸭平均初生重 49 克，30 日龄平均体重 253 克，60 日龄平均体重 995 克，90 日龄母鸭平均体重 1.35 千克、公鸭 1.44 千克；120 日龄母鸭平均体重 1.74 千克、公鸭 1.81 千克；150 日龄母鸭平均体重 2.04 千克、公鸭 2.05 千克；180 日龄母鸭平均体重 2.29 千克、公鸭 2.25 千克。成年母鸭平均半净膛屠宰率 80.33％，公鸭 80.74％；成年母鸭平均全净膛屠宰率 75.89％，公鸭 73.01％。母鸭平均开产日龄 145 天，平均年产蛋 163 枚，高者达 250 枚以上，平均蛋重 74 克；公母鸭配种比例 1：（20～25）；平均种蛋受精率 90％，平均受精蛋孵化率 85％。公鸭利用年限 1 年，母鸭 4～5 年。

图 1-30 沔阳麻鸭鸭群

图 1-31 沔阳麻鸭

10. 金定鸭（图 1-32）

金定鸭又称绿头鸭、华南鸭，是福建传统的家禽良种。这种鸭体大健壮，食欲旺盛，有大容量的消化器官和良好的生殖器官，产蛋率高。主要产于定海县紫泥乡。该乡有村名金定，养鸭历史有200多年，金定鸭因此得名。

（1）品种特征：金定鸭公鸭胸宽背阔，体躯较长。喙黄绿色，虹彩褐色。胫、蹼橘红色。喙甲、爪黑色。头部和颈上部羽毛具翠绿色光泽，无明显的白色颈圈；前胸红褐色；背部灰褐色；腹部羽毛灰白色，具细芦花斑纹；翼羽深褐色，有镜羽，尾羽性卷羽黑褐色。母鸭：身体细长，匀称紧凑，站立和行走时躯干与地面成 45°角以上。头较小，颈秀长。喙呈古铜色，虹彩褐色，胫、蹼橘红色，通体纯麻褐色；背面体羽的羽缘褐黄色，羽片中央呈长椭圆形褐斑，羽斑由身体前部向后部逐渐增大，颜色加深；腹部体羽的色泽变浅；颈部羽毛纤细，没有黑褐色块斑；头顶部、眼前部的羽毛其黑褐色块斑扩大，颜色显明；翼羽黄褐色，有镜羽。尾脂腺发达，占体重的 0.20%，为鸭梳理羽毛提供了充足的油脂，故羽毛防湿性强。

（2）品种性能：金定鸭产蛋期长，换羽期间及冬季均可不休产。一般是边换羽，边产蛋，群众称之为"掺毛"鸭。一般情况下，养群鸭（400～500 羽）每羽年平均产蛋 260～300 枚。金定鸭产蛋生物学年特别长，可达两年多。金定鸭尾脂腺发达，占体重的 0.202%（北京鸭占 0.158%），羽毛防湿性好，有利于在海滩高盐分环境中保持羽毛丰满、光泽、干燥。该鸭耐粗食，抗病力强。

图 1-32　金定鸭

第二节　稻田养鸭的要求

一、稻田养鸭的好处

"稻田养鸭"是农民易于接受，既经济又环保的绿色产业，其产品有广阔的市场前景。利用"稻田养鸭"种出来的米优质无污染，养出来的鸭味道和品质好、营养价值高。"稻田鸭是治虫的突击队、除草的机器、天然的肥料厂"，具体体现在以下几个方面。

1. 稻田养鸭实现了水稻高产低耗

稻田养鸭充分发挥了鸭好动、勤觅食的生活习性，起到了中耕除草、吃虫增肥的作用。鸭群能有效控制稻田杂草的发生，能有效解决水稻个体和群体与杂草争肥、争光、争气的矛盾；能改善水稻群体通风透光条件，控制纹枯病的发生；鸭粪便是优质的有机肥，能提高土壤肥力，降低稻田肥料消耗。

2. 发挥了肉鸭生物防治作用

稻田养鸭能充分发挥鸭群昼夜觅食的习性，使昼夜活动的害虫均有机会成为鸭子的食物，对水稻秧苗的生长有保护作用。

3. 降低养鸭成本

活泼好动的鸭子能广泛采食稻田中的各种浮游动物、两栖动物和落入田中的谷粒，能变害、变废为宝，显著降低养鸭的成本。稻田饲养的肉鸭运动量大，活动采食自由，其健康水平和鸭肉品质高。

4. 发展生态养殖业

稻田养鸭能充分利用稻田的自然环境、水体环境、空间和田地青饲料资源，在减少稻田化肥用量的同时，提高水稻的产量，并避免了鸭粪污染环境问题，保护土壤和水资源。

二、稻田养鸭的生产管理技术

稻田养鸭是目前发展生态养殖的成功范例，将养殖业与种植业有机地联系在一起，实现了鸭促稻长、稻促鸭肥的良性生态循环。发展稻田养鸭应做好如下工作。

1. 选好品种

大型肉鸭品种（如北京鸭等）不宜稻田饲养。中小型肉鸭和蛋鸭品种活动能力强，容易跨越小型障碍，适应性广，抗逆性强，耐粗饲，觅食能力强，适合稻田饲养。

2. 适时放养

雏鸭孵出20天且体重在100克以上，在水稻抛秧15天或移栽12天以上时，可放入大田。成年鸭应适当推迟2～3天下田。

3. 田间饲养设施齐全

稻田所建鸭舍是鸭子休息、避雨淋日晒、采食精料的场所，必须注意通风透气，地势稍高。

围栏设置要合理，设置围栏是防止鸭子丢失或进入其他的稻田；将鸭子固定在同一块稻田中，能有效控制鸭子不断地采食稻田中的杂草和虫害；减少运动量，利于鸭子生长；防止外界畜害进入稻田，给鸭子带来应激反应和伤害。围栏的种类包括竹竿围栏、尼龙网围栏、铁丝围栏、荆棘围栏。农户可根据自产或购买的材料和稻田情况选择建造围栏的种类（图1-33，图1-34）。

图1-33　围栏养鸭　　　　　　　图1-34　围栏养鸭

4. 每日补饲精料

在雏鸭进入稻田的第1周，补饲2次/天，每只鸭补饲精料50～70克/天。从5周龄开始，减少补饲量，促使肉鸭下田觅食。从鸭子出田前15天开始补料，每天每只补饲100克。注意定时、定点饲喂，饲喂量根据放牧情况来确定，禁用霉变的饲料补饲。

5. 合理安排放牧时间

应根据气温和水温确定放牧时间。稻田放牧，通风不如江河、池塘，因水浅，易被晒热。气温超过30℃时，不宜下田放鸭。特别在炎夏，应在上午9：00前和下午凉爽时进行。适当进行轮流放牧，同一片稻田不宜多次重复放牧，适当休闲几天再放。稻田不同生长期和收获期，最好进行搭配。水稻收割后，田中有大量遗粒，可以集中放牧。

6. 在稻田喷洒农药期间禁牧

稻田养鸭期间一般不给水稻施肥，也不使用农药杀虫。应强调的是，在喷洒农药的稻田应禁牧；在发生过鸭瘟的地区或有其他传染病的地区，以及被污染的水面、稻田不能放养鸭子。

三、稻田养鸭的补饲技术

稻田为肉鸭提供了大量容易消化的食物，但并不能完全满足肉鸭生长的营养需要，如不补饲精料，可能会影响其生长速度。辅助饲料的营养组成应根据稻田放牧获得的饲料营养特点确定。一般而言，稻田放牧肉鸭能量采食量较低，配合饲料中应含有较高水平的能量饲料，如玉米、碎米、米糠、小麦等。补饲量根据稻田内的杂草、水生小动物数量确定。

在放养后的前2周内，早、晚为小鸭补饲小鸭配合饲料。从放养第3周开始到水稻抽穗前，应根据肉鸭的生长情况补饲，在肉鸭生长正常情况下，可以减少补饲或不补饲精料，以提高鸭子的"觅食"能力，促进水稻生长。从水稻抽穗到肉鸭出栏前，应根据肉鸭的生长发育情况，在早上和傍晚分两次补饲精料，提高肉鸭出栏体重（图1-35，图1-36）。

图1-35 投喂饲料

图1-36 投喂饲料

第三节　稻田养鸭的品种

一、优良鸭种的选择

1. 不要盲目引种

引种应根据生产的需要，确定品种类型，同时要考察所引品种的经济价值，尽量引进国内已扩大繁殖的优良品种。引种前必须先了解引入品种的技术资料，对引入品种的生产性能、饲料营养要求要有足够的了解，如是纯种，应有外貌特征、育成历史、遗传稳定性以及饲养管理特点和抗病力，以便引种后参考。

2. 注意引进品种的适应性

选定的引进品种要能适应当地的气候及环境条件。每个品种都是在特定的环境条件下形成的，对原产地有特殊的适应能力。当被引进到新的地区后，如果环境条件与原产地差异过大时，引种就不易成功，所以引种时首先要考虑当地条件与原产地条件的差异状况。其次要考虑能否为引入品种提供适宜的环境条件，只有考虑周到，引种才能成功。

3. 引种渠道要正规

选择适度规模、信誉度高、售后服务较好、有"种畜禽生产经营许可证"和足够的供种能力且技术服务水平较高的种鸭场。选择供种场家时应把种鸭的健康状况放在首位，必要时在购种前进行采血化验，合格后再进行引种。种鸭的系谱要清楚。尽量从同一家种鸭场选购，否则会增加带病的可能性。选择好的场家，应在间接进行了解或咨询后，再到场家与销售人员了解情况。切忌盲目考察，容易看到一些表面现象，导致最后所引种鸭与所看到的鸭不一致。只有做到以上几项，才能确保鸭苗质量。

4. 必须严格检疫

绝不可从疫区引种，以防引种时带进疾病。直接引进成鸭时，进场前应严格隔离饲养，经观察确认无病后才能入场。

5. 注意引种方法

首次引种数量不宜过多，引入后要先进行1～2个生产周期的性能观察，确认效果良好时，再适当增加引种数量，扩大繁殖。引种时应引进体质健康、发育正常、无遗传疾病、未成年的雏鸭，因为这样的个体可塑性强，容易适应环境。注意引种季节，最好选择在两地气候差别不大的季节进行，以便使引入个体逐渐适应气候的变化。从寒冷地带向热带地区引种，以秋季最好，而从热带地区向寒冷地区引种则以春末夏初最适宜。做好运输工作的组织安排，避开疫区，尽量缩短运输时间。如运输时间过长，就要做好途中饮水、吸食的准备，以减少途中损失。必须事先做好准备工作，如准备好圈舍、饲养设备、饲料及用具等，饲养人员应作技术培训。

二、稻田养鸭的品种

鸭的品种按生产用途分为：肉用型，如北京鸭、樱桃谷鸭等；肉蛋兼用型，如高邮鸭、昆山鸭和建昌鸭等；蛋用型，如绍兴鸭、金定鸭、攸县鸭和巢湖麻鸭等。按体形分为大、中、小3种类型，肉鸭一般体形较大，当地杂交鸭、兼用型或蛋用鸭一般体形较小。

根据鸭子的生理特性和生活习性来选择稻鸭共生技术中鸭子品种。稻鸭共生种养技术强调的是水稻和鸭子两者要共生共长，互惠互利，所以应优先选用体形相对较小、适应性广、抗逆性强、生活力强、田间活动时间长、活动量大、嗜食野生生物和肉质优等役用功能较强的肉蛋兼用型、蛋用型或杂交鸭作为首选品种。如江苏高邮鸭、江西红毛鸭、四川建昌鸭和浙江、湖南、江西、福建的麻鸭等；而体形过大的鸭品种，会吃秧或压倒、压死秧苗，而且体形大的肉鸭不善于运动，不适合在稻鸭共生技术中应用。

稻鸭共生对鸭子的要求是中小体形、抗逆性好、生活力强、繁殖力强、善活动、喜食野生植物，同时能生产出高品质的鸭肉。对在本技术中选用何种鸭，国内外一致的看法是：①在水田活动表现出色，即除草、驱虫、刺激水稻生长，供给肥料等效果好；②产肉性好，即产肉多、肉好吃；③雏鸭的生产性能高，即产卵能力、孵化率高，雏鸭健壮，抗病性强；④易于驯化、方便饲养；⑤耐寒性优异，特别是在寒冷地区。肉鸭良种和当地鸭杂交后的杂交鸭、兼用型鸭和蛋用鸭可直接应用于稻鸭共生。考虑到农民养鸭的经济效益，结合该项技术要求，如养肉鸭，也可选用体形稍大点的杂交肉用鸭。但是，必须考虑到稻鸭共生和鸭子出栏时间最好一致。同时，也可利用我国丰富的鸭品种资源，应用现代育种技术，培育出更适合稻鸭共生要求的鸭品种。

第二章　稻田肉鸭养殖技术

第一节　鸭苗孵化技术

一、鸭苗孵化方法

肉鸭的一生从鸭苗孵化开始。孵化是肉鸭生产中的重要环节，鸭蛋孵化包括两种：自然孵化和人工孵化。自然孵化是家禽最原始的孵化方法，肉鸭自然孵化指利用母鸭的抱窝习性，将种蛋放在窝里让母鸭加温、翻动进行孵化的过程。自然孵化法必须利用母鸭的抱窝性才能进行，但由于被长期驯养和选择，目前我国推广的肉鸭品种几乎失去了抱窝性，使得自然孵化这一方法很难实现。即使母鸭具有抱窝性，每只母鸭能孵化的鸭蛋数量也仅 20 个左右，远远达不到规模化的需求。因此，生产上一般采用人工孵化法进行肉鸭苗孵化。

人工孵化法是指人工创造类似于自然孵化的条件，通过人工加温管理进行孵化的过程。在我国劳动人民长期的养鸭实践中，创造了不同类型的孵化方法，传统的方法包括炕孵法、缸孵法、桶孵法、摊床孵法和沙谷孵法等，此类方法形式不同，原理相似，都是采用不同的措施满足鸭种蛋孵化所需要的条件。传统的人工孵化方法设备简单、不需耗电发热保温、成本低，适用于小规模的肉鸭孵化。随着社会科技的进步，现在大型孵化场一般采用全自动孵化机进行肉鸭的孵化。这种全自动孵化机孵化方法是在传统孵化方法的基础上加以改进的以电热为主、以煤或液化气为补充热源的、全自动调控孵化所需条件的设备系统。一套自动化控制孵化机的主要部分包括箱体、温度控制装置、湿度控制装置、换气通风装置、翻蛋机构、消毒装置等。与传统孵化方法相比，自动化控制孵化系统具有孵化量大、孵化率高、孵化时间自由、节省劳力等优点（图2-1）。

图2-1　全自动孵化机

二、鸭苗孵化关键技术

鸭苗的孵化是一个持续的、受多种因素影响的过程，这些因素包括种蛋品质、孵化条件、环境要素等。采用全自动孵化机孵化，肉鸭的孵化过程就包括选蛋、消毒、入孵、翻蛋、凉蛋、验蛋、落盘、出雏、清理等一系列技术环节，而影响孵化过程的环境因素包括了温度、湿度、通风等要素。就整个肉鸭孵化阶段而言，要保障孵化顺利进行，操作者必须要协调好各个环节之间的关系，控制好各环境因素，把握好关键的几个技术环节。下面介绍几个关键的技术环节。

1. 选蛋

这是肉鸭孵化的第一步，挑选出优质的种鸭蛋，才能孵化出健康雏鸭。挑选鸭蛋时，先看外表，选择外形椭圆、蛋壳表面干净、蛋壳厚薄均匀无裂缝种蛋；其次掂重量，选择大小一致，蛋重为80～100克、蛋径纵横比为1.35～1.45的鸭蛋进行孵化。将砂壳蛋、裂纹破损蛋、薄壳蛋挑出来，对于粪污蛋和被破损蛋污染的蛋也要挑选出来，还要注意鸭蛋过大过小都不宜选作种蛋。

2. 消毒

种蛋挑选好以后，需要进行消毒，目的是把种蛋所携带的病菌杀死，以免在孵化过程中侵染胚囊，破坏胚囊的生命力。种蛋消毒一般采用高锰酸钾和福尔马林（甲醛）熏蒸法进行，该法利用高锰酸钾和福尔马林（甲醛）混合后产生的气体进行熏蒸消毒，迅速杀灭各种病菌。这种方法简单实用，效果较好，一般为每立方米用40％的甲醛30毫升、高锰酸钾15克混合，进行封闭熏蒸30分钟。

3. 调控温度

温度是鸭蛋孵化的第一要素，在不同的孵化阶段对温度的要求不同，在不同时段根据孵化要求进行温度调节的孵化方法叫变温孵化，所有要孵化的种蛋同进同出。在变温孵化过程中，不同阶段对温度的要求如表2－1所示，总体上呈现出"前高、中平、后低"的总体趋势。

表 2 - 1　肉鸭孵化在不同阶段的温度标准

孵化天数/天	1～3	4～6	7～14	15～22	23～25	26～27	28
要求温度/℃	38.1	38.0	37.9	37.7	37.5	37.3	37.2

4. 湿度调节

湿度是孵化过程中仅次于温度的因素，是胚胎维持发育的基本保障，影响雏鸭健康状况的关键条件。在孵化过程中，如果环境湿度过低蛋内水分蒸发较快，胚胎易与蛋壳膜粘连，造成出壳困难，导致出孵率下降。若湿度过高蛋内水分不易蒸发，影响胚胎的发育，导致雏鸭出现水肿、腹大和脐部愈合不良等现象。湿度的调节遵循"两头高，中间低"的原则。在不同阶段湿度的具体标准如表2－2所示。

表 2-2　肉鸭孵化在不同阶段的湿度标准

孵化天数/天	1~3	4~6	7~14	15~22	23~25	26~27	28
要求湿度/%	60	59	57	55	60	66	75

5. 翻蛋

在自然孵化过程中，母鸭会经常翻动种蛋，把四周的往中间挪，中间的移向四周。在实践中，翻蛋促进胚胎的运动和发育，提高新陈代谢，使胚胎不与蛋壳粘连，有利于胚胎对营养物质的吸收，也使种蛋受热均匀。种蛋入孵后 1 天以内就需要进行翻蛋。孵化的前中期，翻蛋频率要保持在 1~2 小时翻动一次，每次翻蛋的角度以翻动 50°~55°为宜。当胚胎落盘以后（第 25 天后），胚胎已覆盖绒毛一般不会与壳膜粘连，可停止翻蛋。

6. 凉蛋

当孵化到中后期，胚胎基本发育，新陈代谢进入旺盛阶段，脂肪代谢增强产生大量的热量，导致内部温度逐渐升高，凉蛋有利于生理热的散发，防止种蛋温度超高，提高孵化率。凉蛋一般在孵化第 16 天开始进行，第 25 天结束（包括第 25 天）。第 16 天第 1 次凉蛋时可以只晾一次且不喷水，使胚胎有一个适应的过程。此后按每天两次的频率凉蛋，凉蛋可辅助喷淋 35℃左右的温水。刚开始的几天，喷水量要少，要喷均匀，水质清洁。凉蛋的目的是使种蛋的温度保持在 30℃左右，因此凉蛋的时间要根据具体情况而定，可采用眼皮试温，感觉既不发烫又不发凉即可停止凉蛋。

7. 通风换气

胚胎在发育过程中，不断进行新陈代谢，吸入氧气，呼出二氧化碳，气体交换量随着胚胎生长而不断增加。为保证肉鸭胚胎的正常生长，需要不时通风换气，以供给胚胎新鲜空气正常代谢。在孵化的前期，耗氧量较低，风门可打到较小的位置上；到了孵化后期，胚胎基本形成，需氧量大，风门可打到最大的位置上。总之，在不影响种蛋温度标准的前提下，孵化机内通气越畅越好。

8. 落盘出雏

当孵化到第 25 天时，孵化进入了落盘期。这时要将种蛋从蛋架上移入雏盘内，停止翻蛋，降低温度增加湿度，为幼鸭出雏做准备。在落盘时，不同胚胎发育情况不一致，将气室边缘平齐、下部发红的迟缓胎蛋暂缓移入雏盘。正常情况下，胎蛋在第 27 日开始出雏。出雏时，应关闭孵化器内照明灯，以免初生雏鸭拥挤、踩踏影响出雏。待出雏约至一半时，要将干毛的初生雏和蛋壳取出，以继续出雏。当出雏结束以后，清理蛋壳和未出雏的蛋壳，并对整个孵化器进行消毒。

第二节　雏鸭培育及驯化管理技术

一、雏鸭培育

刚孵化出的雏鸭，生理机能及神经系统都不健全，自身调节能力很弱，抗病抗逆能力很差，对温度变化非常敏感，这段时期需要特殊照顾，尤其是头 1～7 天最为重要。雏鸭孵化干毛以后将弱、残、病、畸的雏鸭挑选出去，留下毛色鲜浓、大小均匀、脐部愈合良好、活泼有力、反应迅速的肉鸭统一放入鸭舍，其余鸭子另放一处。进入鸭舍的雏鸭开始进入幼鸭培育阶段，需要在适宜的环境条件下才能顺利成长，这包括鸭舍、温度、湿度、光照、喂养等条件。

1. 鸭舍的准备

鸭舍在进雏前要进行清理、修补。将地面和门窗边的缝隙和洞眼修复好，准备好料槽、料盘、饮水系统和垫料，并对全舍内外进行消毒。地面和墙壁可通过抛撒生石灰消毒；器具和设备可采用高锰酸钾和福尔马林熏蒸消毒；鸭舍出入口可设消毒池，池里放入

3％氢氧化钠溶液以便饲养人员进出消毒。

2. 温度调节

放鸭前 24 小时内提前加热保温，使温度保持在 28～32℃，温度达标后方可放入雏鸭，舍内放置温度计，使温度保持稳定。雏鸭对温度的要求随着生长推进慢慢发生变化，1～3 日龄的肉鸭较适温度为 28～30℃，4～6 日龄的肉鸭较适温度为 24～26℃，7～10 日龄的肉鸭较适温度为 20～23℃，然后根据雏鸭的生长情况每日降低 1～2℃，当温度降到 20℃左右时就可以逐渐脱温置常温下生长。正常条件下，夏鸭在 7～10 日龄可以完全脱温下田，春鸭和秋鸭则因外界气温低，保温期长，需随环境温度适当推迟脱温，一般需两周以后才可完全脱温。

3. 湿度的调节

湿度对雏鸭的生长影响也很大，刚孵化出的雏鸭体内含水量高达 70％，且处于较高的环境温度下，此时环境湿度过低会导致雏鸭出现脱水现象；然而湿度过大也容易导致环境中的霉菌等病菌大量繁殖，加上鸭子粪便量的增加，容易滋生病菌引起雏鸭生病。根据生长需要，肉鸭出孵后一周内鸭舍空气的相对湿度要保持在 60％～80％，必要时人工加湿，同时保持通风，改善舍内环境。随着肉鸭日渐生长，湿度可慢慢降低，2 周后湿度保持在 50％左右，但湿度不能继续降低。

4. 通风照明调节

要使鸭舍中保持良好的空气质量，需适时对鸭舍进行通风，在通风的时候要注意保持温度和湿度的平衡，不能发生大幅波动。同时为了让雏鸭尽快熟悉环境，还可通过光照度进行调节。一般在 1～3 日鸭龄段进行 24 小时连续光照，强度以雏鸭能见到饲料和水源为宜，3 天以后在温度适宜天气晴朗时把鸭子放出接受阳光照射，可增强雏鸭体质。

5. 开食和饮水培育

当雏鸭能够站立和行走时即可让其饮水。第一次饮水以温水为佳，温度以 30～33℃ 为宜。选择开口较大浅盘，加入 1～2 厘米深的温水供雏鸭们饮用和试水嬉戏。头 3 天的饮水中添加 0.1% 的复合维生素、葡萄糖和 0.01%～0.02% 的高锰酸钾，以提高鸭子食欲、增强抵抗力、清理肠道。随雏鸭日龄的增加，可适当增加饮水容器。一般饮水在前，开食在后，均需在雏鸭出壳 24 小时内进行。雏鸭开饮半小时后即可开食。开食时选择易消化、营养丰富的食物投喂。一般采用直径为 2～3 毫米的颗粒饲料开食，如碎米或小米，或者泡开的碎米饭等。第一次喂食时，可将食物撒在塑料布上，均匀抛撒，以保证每只雏鸭都能吃到足够饲料。头一周，雏鸭生长速度很快，应投喂足够的饲料和饮水以满足需求，此阶段以少量多次、少喂多添为原则，以免造成食物浪费霉变。

6. 鸭舍清洁工作

在雏鸭培育过程中，除了要注意以上环节，还需要及时清扫鸭舍，保障鸭舍的清洁卫生。由于长期生活在潮湿的环境中，舍内选择一块离鸭群饮水、喂食、排泄点有些距离的地方，铺上地垫，并防止淋湿，还要定期根据地垫的潮湿程度更换地垫。此外，还要及时清理粪便和发霉的饲料，以保证鸭舍的清洁卫生。

二、雏鸭入田驯化

刚出生的雏鸭由于身体调节能力差，环境适应能力弱，很容易受到不适宜的环境影响而生病和死亡。稻田生态种养的肉鸭要求 15 天以上的鸭龄才能放入稻田。放入稻田的肉鸭日夜生活在没有保温条件的自然环境中，且以捕食稻田野食为主，没有较好的抗逆能力和独立的生活能力就不能生存下去。因此雏鸭入田前必须经过驯化，以增强其亲水性，减少鸭苗死亡率。稻田生态种养雏幼鸭放养前的驯化包括两部分内容：一是驯水培训，二是捕食培训。

1. 驯水培训

　　雏鸭不经驯水放入田间，会因不熟悉水环境导致死亡率高。肉鸭稻田生态种养要求雏鸭 15 日龄以上才能放入稻田，此后全天候生活在稻田自然环境中，这就要求雏鸭有较好的适水能力。当雏鸭 5～7 日龄时，体温调节能力增强，对环境的适应性提高，可尽快进行下田前的驯化工作。一般选择晴天进行驯水，第 1 次驯水深度在 15～20 厘米较好，可在水泥池、浅水盘、塑料槽中进行。在鸭子上下水池的一面要做成 30°左右的斜面，以便鸭子上下水。在气温暖和的阳光下，将雏鸭赶下水，15 分钟左右将鸭子全部赶上岸，让其在太阳光下梳理羽毛并休息。一段时间以后可再让鸭群下水一次。此间对一些体质较差、羽毛长时间不干的雏鸭，要及时烘干羽毛，减少死亡率。驯水初期每天进行 2～3次，入水时间由 15 分钟逐渐延长至 0.5～1 小时，直至自由嬉水，为放养到稻田打下基础。

　　2. 捕食培训

　　肉鸭是杂食性动物，稻田里的杂草、害虫和水生动物都可以作为肉鸭饲料。与圈养相比，稻田中的食物分散、类型多样，捕食的劳动强度增大，加入稻田中的肉鸭必须有意识地进行采食训练才能适应捕食环境的变化，完成捕食任务。雏鸭接受驯水以后，从第 6天起可进行放牧捕食培训。开始时在鸭舍附近放个水缸，加入 30厘米深水，内放浮萍、小鱼、小虾、碎叶等水生生物模拟稻田环境，把雏鸭放入缸中，让其自由活动、觅食。待其适应以后，可以在鸭舍附近选一块空草地或田块放牧，让雏鸭学会捕食昆虫、杂草（籽）等。经过几次训练以后便可放入稻田。

　　3. 信号调教

　　为了加强对鸭群的控制与管理，要对鸭群进行信号调教。利用每次喂食的机会，确定一个固定的信号（可以是吆喝声也可以是一段音乐等），在添饲料前发出这个信号然后将食物撒好。经过多次反复训练，使鸭群建立起听指挥的条件反射。一旦建立了条件反射，就不能随意更改，这样便于稻田肉鸭的放牧管理。通过下水、采食和放牧训练，可增强鸭的胆量，建立起规律性活动反射信号。

4. 疫病防疫

首先，要对育雏室、饲养用具进行消毒，选择不同的消毒剂交替使用，以免细菌产生抗药性；其次，要对鸭瘟、鸭病毒性肝炎、鸭传染性浆膜炎、禽流感进行疫苗免疫；最后，对大肠埃希菌、沙门菌、支原体病进行药物预防。

第三节 常见鸭病及其防治技术

稻鸭共生技术中鸭子很少发病，主要原因是稻田水质清新，病原菌少，利用田埂、围栏天然隔离，病菌不易传播，摄食天然饲料多，鸭群体质健壮，抗病力强。但因露宿于稻田中，环境较为潮湿，且田水浅，夏季温度高，如果管理不善或预防不及时，也可能造成鸭病的发生。

鸭病的防治应从提高鸭的肌体抗病力着手，结合实施预防、检查、治疗等综合措施。基本原则是"预防为主，防治结合，防重于治"，综合防疫措施又分为平时的预防措施和发生疫病时的扑灭措施两个方面。

一、鸭的常见疾病

1. 鸭瘟

鸭瘟又叫鸭病毒性肠炎。该病是一种病毒性、急性、高度致死性的传染病。自然条件下，本病主要感染鸭，各种日龄、性别和品种的鸭都有易感性。此病是通过病禽与易感禽接触而直接传染，也可通过与污染环境的接触而间接传染。一年四季均可发生。健康鸭感染鸭瘟后，一般经2～5天的潜伏期后就出现食欲减退、羽毛松乱、不愿下水、步态不稳、两脚发软、常倒地不起等现象。病鸭体温可高达 42~44℃，流泪、腹泻，稀粪呈绿色或灰白色，肛门附近的羽毛被污染或结块。鸭瘟病变特点为全身性急性败血症，如全身的浆膜、黏膜和内脏器官，都不同程度地出现出血斑点或坏死。皮下组织有不同程度的胶样浸润，尤其切开大头瘟病例肿胀的皮肤后，立即流出淡黄色透明的液体。口腔舌下部、咽喉周围有坏死假膜覆盖，剥离后可见出血点和溃疡灶（图 2-2）。

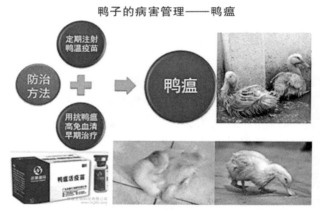

图 2-2　鸭瘟防治

2. 鸭病毒性肝炎

鸭病毒性肝炎是雏鸭的一种传播迅速和高度致死的传染病。本病仅发生在 5~10 日龄的雏鸭中，主要通过消化道传染。表现为精神委靡，眼睛半闭，打瞌睡，不能随群走动，不久停止活动，出现神经症状，运动失调，最后呈角弓反张姿态而死亡。病变表现为肝脏肿大，表面有出血斑点，常见有略带红色的变色区或呈斑驳状（图 2-3）。

鸭子的病害管理——病毒性肝炎

➤采用康复鸭血清、高免鸭血清及高免卵黄抗体可有效控制本病

➤疫苗免疫接种的方法：

　➤有母源抗体雏鸭，7~10日龄时肌内注射鸭病毒性肝炎弱毒疫苗1羽份/只

　➤无母源抗体雏鸭，出壳后1日龄即肌内注射鸭病毒性肝炎弱毒疫苗1羽份/只或高免鸭血清及高免卵黄抗体0.5毫升/只，10日龄再注射病毒性肝炎弱毒疫苗1羽份/只

图2-3　鸭病毒性肝炎防治

3. 鸭霍乱

鸭霍乱又名鸭巴氏杆菌病或鸭出血性败血症。该病是引起鸭大量发病和死亡的一种接触性、急性败血性传染病。本病的流行无明显的季节性，但以夏末秋初或气候多变的冬季及早春时发病较多，潮湿地区易于发病。本病经消化道传染，病鸭、带菌鸭以及其他病禽的分泌物和排泄物，可污染饲料、饮水、用具及场地等，是本病的主要来源，因而稻田养鸭易患此病。鸭霍乱的主要症状分最急性、急性和慢性3类。

最急性型的往往见不到明显症状，多在吃食时或吃食后突然抽筋、倒地死亡，或突然死于田边和路边。

急性型的为多见。病鸭常表现精神呆顿，独蹲一隅，食欲减少或废绝，口渴；食管胃状膨大部内积食或积液，口和鼻流出黏液，呼吸困难，为企图排出积在喉头的黏液，病鸭常摇头，故有"摇头瘟"之称；还有些病鸭两脚瘫痪，不能行走，常在1~3天死亡。

慢性型的常见于疾病的流行后期，多为急性型转变而来。病鸭表现为一侧或两侧的关节肿胀，局部发热、疼痛，行走困难，跛行或完全不能行走，常见关节腔内蓄积混浊的或灰黄色的黏液（图2-4）。

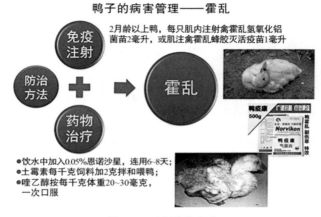

图 2-4　鸭霍乱防治

4. 鸭传染性浆膜炎

鸭传染性浆膜炎又叫鸭疫巴氏杆菌病。此病主要发生在 2～3 周龄小鸭中，1～8 周龄鸭易感，1 周龄内雏鸭很少发生。本病一年四季均可发生，冬春两季较多。主要是通过呼吸道或经皮肤伤口感染，如鸭脚蹼擦伤亦可感染。

最急性病例会突然死亡，无明显症状。

急性病例主要临床表现为嗜睡、缩颈或嘴抵地面，步态蹒跚，不食或少食，眼有浆液或黏性分泌物。部分病鸭腹膨胀、有积水，死前出现神经症状，抽搐死亡，病程 1～3 天。

慢性病例主要表现为沉郁，困倦，少食或不食，腿软弱不愿行走，停息时多呈犬坐姿势；共济失调，痉挛性点头或摇头摆尾，前仰后翻；少数病鸭出现歪头斜颈；亦有少数病鸭表现为呼吸困难，张口呼吸，最终消瘦死亡。病理变化为浆膜表面有纤维素性渗出物，主要在心包膜、肝表面和气囊等部位。（图 2-5）

鸭子的病害管理——传染性浆膜炎

①定期注射鸭瘟疫苗，是唯一最有效的措施

②抗鸭瘟高免血清进行早期治疗

图 2-5　鸭传染性浆膜炎防治

5. 鸭大肠埃希菌病

大肠埃希菌病由致病性大肠埃希菌引起的全身或局部感染性疾病，主要有大肠埃希菌败血症、腹膜炎、生殖道感染、脐炎、输卵管炎、气囊炎、蜂窝织炎。主要有以下几种表现（图 2-6）：

（1）卵黄囊炎及脐炎型：发生在新出壳鸭，主要表现为脐部肿大发炎，卵黄不吸收，腹部膨大，多在几日内死亡。

（2）眼炎型：多见于 1～2 周龄雏鸭，结膜发炎，流泪，角膜混浊，眼有脓性分泌物，可黏合上下眼睑。

（3）败血型：多见于 1～2 周龄幼鸭，常突然死亡，病鸭可见精神食欲下降，渴欲增加，羽毛蓬松，缩颈闭眼，腹泻，喜卧，病程一般 1～2 天。

（4）浆膜炎型：常见于 2～6 周龄肉鸭雏，精神食欲均不佳，气喘，甩头，眼和鼻腔有浆液或黏液性分泌物，缩颈闭眼，嗜睡，部分有腹部膨大下垂症状，病程 2～7 天。

（5）关节炎型：多见于7～10日龄雏鸭，可见一侧或两侧跗关节肿胀，跛行，食欲下降，3～5天死亡。

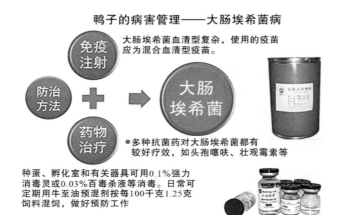

图2-6　鸭大肠埃希菌病防治

二、鸭的常见虫害

1. 绦虫

鸭有多种绦虫，如矛形剑带绦虫、膜壳绦虫、片形皱缘绦虫和假头绦虫等，长度从几厘米到50厘米，用头节带有小钩的吸盘吸钩在肠壁黏膜上，吸取营养，致使鸭营养不良，发育受阻。有的引起腹泻、食欲减退而消瘦。粪便淡绿色，有绦虫节片。绦虫对2月龄鸭危害最大。绦虫节片随粪排出体外，有的落入水中，被剑水蚤等中间寄主吞食，发育成似囊尾蚴，当鸭吃了含有似囊尾蚴的中间寄主，在肠内形成绦虫，危害鸭体健康。

2. 吸虫

鸭的吸虫病主要有棘口吸虫病和后睾吸虫病两种。

前者是因鸭吞食了有囊尾蚴寄生的第二中间寄主后，囊尾蚴进入鸭体发育为成虫，寄生于鸭体的肠道而引起的疾病。病鸭表现为食欲减退，消瘦，贫血，生长停滞，幼鸭发病较为严重。

后者是由后睾吸虫科的吸虫寄生在鸭的胆管和胆囊中引起的疾病，对鸭危害较重。主要症状为少食，消瘦，贫血，精神沉郁，不愿行走，最后衰竭死亡。剖检时可见病鸭肝脏肿大，胆囊壁增厚，胆汁浓稠而少。

3. 球虫

鸭球虫病是鸭的一种危害严重的寄生虫病，国外报道死亡率可达 80%～100%，且感染过的病鸭生长发育受阻，增重缓慢。发病原因为鸭吞食或接触了病鸭或带虫鸭粪便污染的饲料、饮水、土壤或用具等，鸭球虫卵囊进入鸭体后寄生于小肠而造成感染。临床症状为精神委顿、缩脖、不食、喜卧等。病初拉稀便，随后排血便，多数于第 4 天或第 5 天死亡，第 6 天以后，感染过的病鸭逐渐恢复食欲，死亡虽已停止，但发育受阻，增重缓慢。慢性球虫病病鸭症状不明显，偶尔见有拉稀便，往往成为球虫的携带者和传染源。

三、鸭的其他病害

鸭的其他病害主要以鸭中毒病为主，指鸭误食有毒物质或过量和较长时间服用某一种药物而引起的疾病。

1. 农药中毒

导致鸭中毒的农药主要有有机磷农药、有机氯杀虫剂、五氯酚钠灭螺药和磷化锌灭鼠药等。病因是鸭误食了喷施过农药的饲料生物。主要症状为病鸭不食，腹泻，流泪，流涎，肌肉震颤和无力，运动失调，站立不稳，呼吸急促，体温下降，倒地抽搐，窒息死亡。剖检时可见胃肠黏膜炎症，黏膜脱落，消化道出血、溃疡，胃内容物有刺鼻的大蒜味，肝、肾肿大，胆囊肿大更为明显。血液不凝，尸僵不全。

2. 肉毒毒素中毒

肉毒毒素中毒是因为鸭吃了含肉毒梭菌毒素的食物后而引起的疾病。在炎热的夏季最易发此病。肉毒梭菌广泛分布于自然界，细菌本身不引起疾病，但寄生于腐败的鱼、虾、昆虫、蛆等会产生强大的毒素，如果鸭食入含毒素的腐败物质就会引起肉毒毒素中毒。病状为嗜睡，不愿行走，头下垂，颈伸直，头颈着地，软而无力，称为"软颈病"。头颈羽毛容易拔除，翅、腿麻痹，不能站立，最后昏迷而死。

3. 药物中毒

鸭摄入较大剂量的喹乙醇（快育灵）或呋喃唑酮（痢特灵）等都会中毒。

喹乙醇中毒表现为精神沉郁，食欲减少，双翅下垂，行走摇摆，喜卧，严重时瘫痪，衰竭而死。特征性的症状是鸭嘴上喙出现水疱，疱液混浊，水疱破裂后，脱皮龟裂，喙上短下长；单侧或双侧眼失明。

4. 呋喃唑酮中毒病

鸭表现兴奋不安，站立不稳，盲目奔走，全身震颤，惊厥鸣叫，口渴抢水喝；随后精神高度沉郁，食欲全无，吐出黄色液体，缩颈，垂头，临死时抽筋。病死鸭肝脏肿胀，肺淤血，小肠及大肠部分肠段充血、出血，整个肠管浆膜呈黄褐色。

四、鸭病防治

1. 加强饲养管理，增强鸭的抗病能力

培育健壮的鸭个体，增强鸭对病害的抵抗能力，这是鸭病防治的根本。养鸭过程中关键要重视雏鸭的饲养。因为许多传染病如小鸭病毒性肝炎、鸭霍乱等都可通过引进雏鸭或种鸭带入，故购鸭时一定要了解供鸭场的疫病发生情况。千万不要从发病场、发病群或有刚刚病愈鸭的鸭群引入。刚引场的雏鸭要先隔离饲养，不要混群，约2周以后、无任何传染病或寄生虫时，方可混群饲养。同时，要做好免疫接种工作，提高鸭对目标病害的抵抗力，这是预防和控制鸭传染性疾病的可靠而又经济的方法。

搞好环境卫生及消毒工作，也是防止疾病传播的重要措施。鸭舍及鸭场要经常保持清洁卫生。消毒工作要和清整环境同步进行，消毒范围包括鸭体表、鸭舍及其周围场地、食盆等器具、水坑及稻田等。消毒前要先进行机械性清除，如清扫、铲除、洗刷等，这是使用消毒剂前必需的基本工作。消毒方法可分以下几种：一是物理学消毒，是指利用阳光照射、干燥、火焰焚烧、煮沸等方法来杀灭病原微生物。二是生物学消毒，如将粪便、垃圾、垫草等物堆积发酵发热，来杀死无芽孢的细菌、寄生虫虫卵等。三是化学消毒，是指利用化学制剂破坏微生物的化学结构，损坏微生物正常代谢的物质基础，致使病原体死亡。此法使用较广泛，效果较好。消毒剂应根据不同的消毒对象有针对性地选用。可采用 2%～5% 甲酚皂溶液、石灰水、氢氧化钠、草木灰、高锰酸钾及漂白粉等。具体使用方法如下：

（1）甲酚皂。5% 的溶液可用于鸭舍、鸭场、器具、粪便等的消毒，2% 的溶液可用于鸭体表消毒。使用甲酚皂可杀死一般细菌及某些病毒。

（2）生石灰。常配成 10%～20% 的生石灰水，趁热刷洗、喷洒，可用于地面、稻田、鸭舍及粪便的消毒。

（3）氢氧化钠。常配成 2% 的溶液喷洒，对细菌、病毒都有很强的杀灭能力。

（4）草木灰。15 千克草木灰加水 50 升煮沸 1 小时，去渣取浸出液洗刷、喷洒被消毒的场所及用具。

（5）高锰酸钾。可配成 0.1%～0.5% 的浓度，用于黏膜创面或饮水消毒。

（6）漂白粉。用粉剂或 5%～20% 的溶液消毒场地、水坑、粪便，用 0.5% 的溶液对食盆、水槽等用具表面消毒，用 1000 毫升水加 0.3～1.5 克漂白粉做饮水消毒。

（7）碘酊。配成 2％的浓度，用于皮肤等的消毒。

除了做好防疫工作和环境、用具消毒以外，还需加强鸭的营养管理，除让鸭采食人工繁殖的田中生物饲料外，还要适时补饲。补饲的饲料配合要得当，营养要齐全，饲喂要及时，饮食要清洁。同时，要保持鸭舍内适宜的温度、湿度、光照和通风，地面要干燥，尽量减少不良因素的刺激。生长良好的鸭子可避免发生营养性疾病，也有利于充分发挥注射疫苗的免疫效力。

2. 鸭的卫生防疫程序

为保证鸭正常生长，不受大的病害侵袭，就要定期给鸭接种疫苗进行防疫。鸭的卫生防疫程序一般如下：

（1）初生雏鸭。1 日龄时皮下注射蛋黄匀浆，每只用量 0.5～1.0 毫升。可降低小鸭病毒性肝炎死亡率，具有制止疾病流行和预防发病的作用。蛋黄匀浆可自制。制作方法是：选取对肝炎病毒具有免疫力的母鸭新产的蛋，取其蛋黄搅拌成匀浆，用每毫升含青霉素 1600 单位和链霉素 2000 单位的灭菌生理盐水，取 1 个蛋黄匀浆稀释到 250 毫升，即可应用。1 日龄雏鸭也可注射鸡胚化鸭瘟弱毒疫苗（北方地区可免注射），用生理盐水稀释 50 倍，每只雏鸭皮下或肌内注射 0.1 毫升。注射后 3～5 天产生免疫力，免疫期约 1 年。

（2）2～3 月龄鸭。注射禽霍乱 731 弱毒菌苗，对 2 月龄以上的鸭群，免疫期可达 3 个半月。或注射禽霍乱氢氧化铝甲醛菌苗，免疫期 3～6 个月。由于霍乱菌苗保存期短，除注意菌苗保存条件及有效期外，要确保注射质量，尤其在当地有疫情时，要间隔 10 天左右连续注射 2 次。注射前可先用弱鸭进行试验，以备在大群注射治疗时适当加大菌苗用量，对出生时没有注射过鸭瘟疫苗的鸭，在3 月龄时可注射鸭瘟弱毒疫苗，用灭菌蒸馏水稀释 200 倍，每只鸭肌内注射 1 毫升。

（3）开产前一个月鸭（肉鸭 120～130 日龄，蛋鸭约 100 日龄）。连续 2 次（间隔 10 天左右）给每只母鸭皮下或肌内注射小鸭肝炎疫苗 1～1.5 毫升，可使母鸭产生抗体，并维持 1～1.5 年。每只鸭肌内注射禽霍乱氢氧化铝甲醛菌苗 2 毫升。母鸭接种后，抗体经卵传给雏鸭，使雏鸭获得母源抗体，可得到 2～3 周的保护，但 2～3 周后的雏鸭仍可发病。

3. 主要鸭病的防治方法

（1）鸭瘟。本病无特效药物可供治疗。因鸭瘟属外源性疾病，故预防此病首先应避免从疫区引进鸭苗、种鸭及种蛋，有条件的地方最好自繁自养。其次不能到疫区去放牧鸭群。对已发生鸭瘟的鸭群，可立即采取紧急注射鸭瘟疫苗。注射时先给表面假定健康的鸭注射，而后再给有症状的鸭注射，要做到 1 鸭 1 针。病死鸭应集中以高温处理或深埋，对污染的场地及用具用 10％石灰水、2％氢氧化钠或其他消毒液彻底消毒，防止病原散播。

（2）鸭病毒性肝炎。自繁自养，彻底消毒是预防本病的积极措施，但要大幅度降低发病率和死亡率，还必须依靠接种疫苗免疫。本病耐过鸭能产生坚强免疫力，血清中有中和抗体，可采用在母鸭开产前 1 个月，给种鸭注射鸭肝炎疫苗。种鸭免疫后可保证后代得到较高水平的免疫抗体。种鸭未经免疫，雏鸭无母源抗体，可在雏鸭 1～3 日龄时经皮下或肌内注射 0.5～1 毫升鸭肝炎弱毒疫苗（稀释后剂量）或卵黄抗体进行被动免疫。另外，对正在发病的雏鸭，可注射高免血清或康复鸭血清，每只皮下注射 0.5 毫升；若用高免蛋黄匀浆，则每只鸭皮下注射 1 毫升，可降低死亡率，制止病害的流行。

（3）鸭霍乱。防治此病除加强饲养管理和注射鸭霍乱菌苗外，可进行药物治疗。主要是使用磺胺类药物，如磺胺嘧啶、磺胺二甲嘧啶、磺胺异噁唑、磺胺甲基嘧啶，按 0.4％～0.5％混于饲料中喂服。或用其他钠盐，按 0.1％～0.2％溶于饮水中，连服 3～5 天。磺胺二甲氧嘧啶按 0.05％～0.1％混于饲料中喂服。复方新诺明按

0.02%混于饲料中喂服均有良好的防治效果。但在鸭产蛋期要慎用磺胺类药物，用后对产蛋量有明显影响，如连续喂给3～5天，产蛋率将下降40%左右。因此，产蛋鸭可用抗生素药物，如土霉素按0.05%～0.1%混于饲料或饮水中喂服，连续用3～5天，可收到良好疗效。鸭群数量少时，可逐只注射青霉素防治，每只每天注射2000～5000单位，1次或分3次注射。必要时，也可采用喹乙醇治疗，按每千克鸭体重30毫克（鸡、鸭对本品较敏感，口服50毫克/千克体重，鸡会死亡，故一般家禽禁用）的剂量拌于饲料中喂服，每天1次，连用3～5天即可获得良好的疗效。

（4）鸭传染性浆膜炎。预防此病主要通过3个途径：首先要改善育雏室的卫生条件，保证通风、干燥、保温、清洁。其次进行药物防治。目前可采用氯霉素或土霉素进行防治。在发病前用低剂量的氯霉素拌料饲喂，有一定的预防作用。治疗本病，可用0.05%的氯霉素拌料饲喂，连喂3～5天，能减少发病和死亡率。最有效的措施是免疫注射，可用福尔马林灭活苗、氢氧化铝胶灭活苗、油乳佐剂苗、弱毒菌等。福尔马林灭活苗经皮下注射1周龄雏鸭，可获得86.7%的保护率；氢氧化铝胶灭活苗皮下注射1周龄雏鸭，剂量为1毫升，也可保护鸭度过最易感病的3～4周龄；油乳佐剂苗经皮下注射8日龄雏鸭，剂量为1毫升，在免疫后1～2周内保护率可达100%。此外，还可用鸭疫巴氏杆菌和大肠埃希菌苗进行注射。

（5）鸭寄生虫病。寄生虫对鸭体有一定危害，田间养鸭驱虫很有必要。驱虫最有效的方法是用槟榔煎水内服，剂量按每千克鸭体重用槟榔1.5克，加清水10倍，煎至原剂水量的1/3，用胶管灌入鸭食管内。喂后注意观察，半小时后如发现鸭流涎、麻痹或呼吸急促，则为药量过大，应立刻给鸭注射0.2毫升硫酸阿托品解毒。喂药后将鸭关起来，2小时后虫体就会大量被排出，清扫粪便集中虫体烧毁。也可用吡喹酮治疗，每千克鸭体重口服10～30毫克。若用硫双二氯酚，每千克鸭体重口服200毫克。

（6）鸭中毒。若为农药中毒，可用0.05％阿托品注射液进行皮下注射，每次0.2～0.5毫升。解磷定，每千克鸭体重10～20毫克，用生理盐水或葡萄糖水稀释后，静脉或肌内注射。防治肉毒毒素中毒的措施为：避免鸭群接触腐败食物，放牧地如有腐败鱼类或其他动物尸体，要及时清除和进行消毒处理；变质饲料不能饲喂。治疗可用肉毒梭菌C型抗毒素，每只鸭注射2～4毫升，常可奏效。其他抗菌药物无效。药物中毒往往是因用药时间过长，剂量太大所致。当发现有中毒症状时，应马上停止服药，同时喂给1％～5％苏打水，并给鸭供应清水，让鸭自由饮用，可缓解症状。中毒严重者可肌内注射维生素C 100毫克/毫升和维生素B 5毫克/毫升混合液，每只鸭0.5毫升，每日1次。

第三章　水稻与肉鸭共生技术

第一节　共生稻田田间工程技术

稻田作为一种人工湿地，具有粮食生产、蓄水防洪、涵养水源、调节气温、净化水质、水土保持、保护生物多样性等生态服务功能。稻田肉鸭共生通过建立自然和人为干预相结合的稻鸭复合系统，将稻田单一种稻的农作模式变为全天候稻鸭共育的种养复合模式，充分利用稻田立体空间中的水、热、光、肥资源，达到鸭、稻互惠互利，丰产丰收又生态的效果。进行肉鸭生态种养的稻田除了承担普通稻田的基本功能以外，还作为肉鸭主要生活场所承担着肉鸭喂养、运动、劳作、嬉戏的功能。与水稻单作稻田相比，共生稻田需要结合鸭子的生活习性与特点进行一些田间改造和管理。

一、稻田的选址与规划

根据肉鸭的生活习性和优质水稻生长特点，共育稻田的选择要综合考虑水源、土壤、安全、规模等问题，并结合实际具体进行规划设计。

1. 水源条件

作为养鸭稻田需要有充足、无污染的水源条件以满足稻田湿地和鸭子对水层的需求。水源包括河流、山塘、水库、渠道等能够供水的流域，可以位于平湖区，也可以是山区或丘陵区。共育田块要求水质清洁、排灌便利、旱季不涸、大雨不淹，水的酸碱适中或偏弱碱性，为优质肉鸭和稻米生产提供良好条件。

2. 土壤条件

稻鸭共育稻田需有良好的蓄水保肥功能，土壤以保水能力强、酸碱度适中或微碱性的壤土或黏土为好，特别是耕层厚实、颜色呈深灰色、灌水起浆性能好、干水不板结、保水保肥能力强的土壤最为理想。不能选择颜色棕黄、持水保肥力差的沙土或重沙壤土田块，这种土壤不利于水稻生长（需密植）和微生物繁殖，不能为肉鸭提供较为充足的食源和空间，且容易水土流失，共育效果不好。此外，土壤遭遇废水、废物或重金属污染过的稻田也不宜进行稻田肉鸭共育，以避免稻、鸭产品遭到污染。

3. 环境与安全条件

肉鸭生性敏感，易受惊吓而逃窜，因此稻鸭共育稻田不要选在喧闹的公路、集市、工厂和居民区等旁边，以免肉鸭受惊乱窜而伤害水稻。为促进肉鸭和水稻的优质生长，方便运送饲料，可选择远离污染源的、交通便利的稻田区域进行稻田肉鸭种养。但也不能过于偏僻，太偏僻的地方，敌害动物多，如鼠类、黄鼠狼、野猫、野狗等，容易对肉鸭的安全造成重大威胁，同时也不易看护。

4. 稻田规模

肉鸭具有合群性，喜欢群集活动。如果鸭群过大，容易造成水稻苗被鸭群踩踏损伤，尤其鸭群受到惊吓时损伤更大。2009年，我们在湖南浏阳百盛镇开展了规模化的稻田养鸭试验，结果发现靠近公路边的稻田受到大集群肉鸭的踩踏成片被毁。试验和示范结果表明，鸭群以120～150只为一群比较合适，既避免过于群集损伤稻苗，又能分散到田间各处寻找食物，达到良好互作效果。而我们前期的研究也表明，一亩地放养15～20只肉鸭可以取得较好的生态和经济效益。因此，在成片的稻区，10亩稻田围成一片，放养一群鸭效果较好，（见图3-1）。

图 3-1　规模化稻鸭共生

5. 围区分布规划

将稻鸭共育稻田区域按大小比例和分布情况画在图纸上。根据田块形状和分布情况将共育稻田区域进行区块划分，按 10 亩左右的面积为单位划分成若干区块，每一区块作为稻田肉鸭共育的基本单位，进行单独围栏。各个区块设计 1～2 个简易鸭舍和 1 个嬉水池（或嬉水沟），以供区域内鸭群进行活动。

二、田间围栏与鸭舍

围栏和鸭舍是养鸭稻田的基本工程，是顺利开展稻鸭生态种养的基本保障。

1. 围栏工程

稻田围栏可将成片稻田隔离成若干小块，其作用体现在几个方面，一是防止鸭子外逃，使鸭子在圈定的范围活动，提高鸭子对田间杂草、病虫害的控制效果；二是防止鸭子过于集群形成大鸭群，对水稻生长造成损伤，在规模化种养中，方便对鸭群进行分离；三是防止黄鼠狼、蛇类、狐狸、野猫、狗、鼠、狼等外来入侵动物伤害肉鸭，减少对鸭群的惊扰；四是方便了对隔离区内鸭子的管理，比如喂养、防疫、捕捉等都可以围栏区为单位进行。

围栏的搭建应安排在秧苗移栽或出苗之后放鸭之前的任何一天，选择天气晴朗的时间进行。在围栏之前先要把生态种养稻田田埂进行清理加固，具体来说就是除去田埂边的杂草、检查结实度、填补田埂缺口、断缝、洞穴，夯实、加固田埂，防止田埂漏水或垮塌。围栏类型多样，根据材料不同来分，可分为铁丝网围栏、尼龙网围栏、竹篾围栏、电网围栏等。其中，应用最多的为尼龙网围栏，其特点是轻便、结实、便宜；其次是铁丝网围栏，特点是坚固、美观、耐腐蚀，但成本较高。电网围栏具有防盗功能，成本最高，每亩稻田的价格达到 2000 元左右，很少在稻田围栏中应用。

围栏搭建以尼龙网围栏为例进行介绍。搭建前，根据分区规划以及每区块面积购买围栏，单位围栏长度以该区块周长为基准值，再加上周长的 20% 作为最终长度。

区块围栏长度＝区块周长＋区块周长×20%＝（1＋20%）区块周长

（式1）

当区块周边有河、塘和墙体时，可以利用这些自然隔离屏障作为围栏，减少尼龙围栏长度。尼龙网高度在 80 厘米左右为宜；网眼拉成正方形时的边长在 2 厘米左右，保证刚放养的雏鸭不能通过为宜。除了尼龙网以外，还需准备小木桩或小竹竿、细铁丝、塑料绳、锄头等。搭建围栏时需要 2～3 人配合进行。围网分 3 步进行：首先，一人先沿田埂放置尼龙网，另一人按 1.5～2 米的间距放置固定用的小木桩或小竹竿。把围网放好以后开始固定围网，一人在前把网打开拉直，另一人用细铁丝将网固定在木桩或竹竿上，并将木桩或竹竿插入田埂 30 厘米。最后还需一人把网底部放置在田埂内侧用土压实。按此步骤将围栏围好后要绕田埂检查围网下部是否全部压实密封，木桩或竹竿是否稳固，若松动可加小桩固定。在稻田的进、出水口设上栅栏，防止鸭子外逃。栅栏可用藤条、竹条或枝条编织形成。

图 3-2　稻田鸭舍　　　　　　　图 3-3　简易围栏

2. 稻田鸭舍（图 3-2，图 3-3）

稻田鸭舍的作用是为露宿在稻田中的鸭提供栖息地方，同时也是工作人员进行补饲的场所。各围栏区块需搭建 1～2 个简易鸭舍。鸭舍一般搭建在区块中间或田块的两端，也可建在田边的空地上，以方便鸭子自由出入以及工作人员投饲和管理为宜。鸭舍应在稻田未灌水前搭建，舍底地面需砌高，以高出田面 20 厘米左右为宜，以免稻田灌水浸入舍内。搭建鸭舍的时间应在围栏之前，但要把鸭舍场地安排在围栏以内，以形成一个整体。

鸭舍支柱可用大木桩或竹桩，也可直接用砖头垒砌。棚舍高度 1～1.2 米，过高易被风刮倒，过矮则光线不强，容易阴暗潮湿。鸭舍主体由三面墙壁围成，朝稻田方向留空一面方便鸭群出入，两侧墙壁依田埂拉开，尽量紧靠围栏以节约用地，还可避免鸭棚与围栏之间留有间距给鸭群留下活动空间，防止鸭群在鸭舍后面活动而损坏鸭棚和围栏。简易鸭舍的舍顶可用石棉瓦、玻璃钢瓦、油布、牛毛毡、稻草、油布、铁皮等铺盖，舍壁可用石棉瓦、三夹板、玻璃钢瓦、稻草等围成。棚内地面由内至外地势由高到低，与稻田的接角要呈弧形，便于鸭群出入。舍内地面砖头、木板或竹夹板等，避免地面太潮湿。鸭舍的面积按照每 100 只鸭占用 3～5 平方米大小来确定，对于单个围栏区块，鸭舍面积为 4 平方米左右即可，鸭棚形状以长方形为好（图 3-4，图 3-5）。

图 3-4 鸭舍外观

图 3-5 稻田中的鸭舍

三、稻田嬉水池和嬉水沟

肉鸭放入稻田以后，要长时间生活在该区域内，有必要在共育稻田内挖一个与鸭群活动相适应的浅水池或水沟供鸭休息时或水稻搁田时嬉水之用，我们将其称为嬉水池和嬉水沟。

嬉水池的位置靠近鸭舍，可选择在舍前开挖，方便鸭子捕食之余嬉水、清羽，同时也使种稻区域连在一块，方便田间的管理操作。开挖嬉水池可以与搭建鸭舍同时进行，均在稻田未耕未种之前完成。面积须比鸭舍大，建议为鸭舍面积的 2～3 倍；形状以狭长形为宜，可使更多鸭子同时下水。嬉水池不需很深，垂直深度达到 1～1.2 米即可，要有独立的进水口，并在池子底部设有出水口，方便将不清洁的池水放出。嬉水池挖好以后，抛撒生石灰进行消毒，消毒以后灌水入池。

嬉水沟的作用和功能与嬉水池相似。稻鸭共育田如为垄作稻田，可以不另外挖沟，留 1～2 条垄沟作为嬉水沟即可；如是平作稻田，则需另挖一条浅沟。嬉水沟一般挨着田埂、并沿着田埂方向开挖，沟深 0.4 米左右、沟宽 0.6～0.8 米。嬉水沟的一端要靠近稻田进水口，另一端要安排出水口，以便排灌。同样嬉水沟也需抛撒生石灰进行消毒。

　　一般来说，对于一个围栏区块设有嬉水池就可以不设嬉水沟了，两者只需其一。如果稻鸭共育田块紧邻河流、池塘等就可以利用这些自然流域作为嬉水场所，不再另挖嬉水池或嬉水沟（图3-6）。

图3-6　鸭群嬉水池和嬉水沟

第二节　肉鸭稻田生态种养共生管理技术

一、共生前期核心管理技术

　　肉鸭稻田生态种养是利用水稻与肉鸭之间的共生共长关系按一定结构和比例组合在一起，达到两者互惠互利的效果。一方面稻田的立体空间以及水、气、光、温和生物资源为肉鸭提供良好的生活环境，并且还为鸭子增加了食物来源，提高稻田内资源的利用效率;另一方面,肉鸭日夜在田间活动捕食田间杂草残叶和害虫,可减少对化肥、农药、除草剂等的依赖,达到改善水体环境,改良土壤质量,促进水稻生长的目的。在整个共生期间,关键是要协调好水稻和肉鸭两者的生长关系。

1. 放鸭时间和数量的确定

在肉鸭稻田生态种养系统中,肉鸭承担着为水稻除病、除虫、除草、肥田的功能。当水稻移栽以后,何时放入肉鸭关系着共生效果。鸭群过早放入,水稻尚未活蔸稳根,鸭子的搅拌反而不利于水稻扎根;鸭群过晚放入,则不能在幼虫、杂草发生之时有效捕灭而导致后期控制不住。一般在水稻稳根返青以后则可放入雏鸭,即秧苗移栽后 7~10 天;如果是直播稻则在播后 20~25 天放入。鸭龄也需配合好,鸭龄过大,容易将尚处苗期的秧苗踩倒绊死;鸭龄过小,则不能适应环境的剧烈变化而死亡。试验结果表明以鸭龄 7~10 日的雏肉鸭最为合适。因此,可据此合理安排水稻育秧时间和肉鸭孵化时间,一般情况下水稻的秧田期为 25~30 天,而鸭蛋的孵化期为 28 天,即稻种下水与种蛋上架可在同一天进行。但针对具体某一种稻田肉鸭生态种养模式,放养时间应根据水稻的茬口、育秧方式、移栽期和苗情进行调整。比如双季稻区的早稻季,气温较低,水稻生长较慢,秧田期较长,移栽以后返青时间也长,雏鸭放养可以推迟一点;中稻和晚稻季育秧期温度较高,生长速度加快,秧田期较短且返青快,则可根据情况早些放养。

放鸭的数量需综合考虑除虫、除草效果,饲料成本、产量和收益等生态和经济方面的效益。放鸭数量过多容易导致稻田自然饵料不足,需额外补充饲料,从而增加成本;还会由于鸭的集群性形成大鸭群,当鸭群集体活动时容易对秧苗造成损伤,尤其是早期的幼苗。放鸭时间太迟或者数量过少,又不能有效地控制田间杂草、虫害、病害的发生,不能实现稻田肉鸭共育效果,也就失去稻鸭共育的意义,并且经济效益也低。2002 年中国水稻研究所通过试验表明每亩放养 15 只鸭经济效益最高，而我们前期的试验表明每亩田放养 15～20 只鸭的综合效益最好。因此，建议放鸭数量按每亩 15～20 只计算投放。规模化稻鸭模式可按每亩 10 只鸭计算投放。

2. 稻田耕作

稻田传统的耕作方式有多种，包括牛耕、翻耕、旋耕、打滚旋耕（机滚船）和免耕，各种耕作方式都有自己的特点。随着农业现代化发展，牛耕因为消耗很大的体力和物力，已经基本淘汰；翻耕、旋耕和打滚旋耕都是利用机械操作，稻田连年翻耕会使犁底层下降，耕作层加厚；免耕则可减少机械对土壤的扰动，有利于土壤培育。目前主流的稻田耕作方式为旋耕和打滚旋耕，但常年机械旋耕也会导致土壤耕层变浅。

肉鸭稻田生态种养重在生态，要求少打农药、少施化肥、节能低耗。在几种耕作方式中，免耕虽不耗燃油、机械，但不利于后续的机械化插秧和机械化直播；且田间杂草及草籽、虫卵、病原菌体没有打入泥中，使病、虫、草源的生长先于水稻，很难被鸭群控制。从能耗上来看，翻耕的操作强度高于旋耕，且操作次数多，消耗的燃油高于旋耕。因此，稻鸭共育田应以旋耕为主，隔年翻耕一次即可，既节约了能耗，又具有较好的耕作效果。

3. 秧苗移栽或直播

秧苗一般在 25～30 日秧龄时期进行移栽。移栽秧苗以方形行株距为宜，以便于肉鸭在稻间活动，每蔸秧苗插 2～3 根基本苗，杂交稻可插 2 根，常规稻可插 3～5 根。人工抛栽或直播水稻，没有株行距可分，但要分厢（图 3-7，图 3-8）。一般来说，2～3 米为一厢为宜。水稻生长前期会受鸭群的活动影响死伤部分秧苗。为了补足苗数，除了适当推迟放鸭时间以外，还要增加抛秧苗数或播种量。需要注意的是，直播稻模式中由于放鸭要到播种后 20～25 天的 3 叶期，为了防止杂草生长，需在播种后 2～4 天用幼禾葆或草大帅进行土壤封闭除草。目前，机直播和机抛秧技术逐步成熟，配套的农机具也基本成形。如果采用精量穴播机直播和机抛秧技术，可以改变过去人工撒播和人工抛秧无序状态，使植株呈现有规律的分布，株行距可按要求来设置。特别是华南农业大学和湖南农业大学联合研发了水稻精量穴直播机和抛秧机，做到了种水肥药同步进行，节省了人工，大大减少了劳动成本，已在湖南推广应用，效果显著（图3-9，图3-10、图3-11）。

图3-7　水稻直播

图3-8　水稻人工抛秧

图 3-9　机抛秧

图 3-10　机械精量穴直播

图 3-11　直播机和抛秧机具

与常规稻田种植相比，稻田肉鸭生态种养系统的秧苗应适当稀植，方便鸭子穿行。与普通鸭子相比，肉鸭体形偏大，因此水稻株行距应有所增加。为了更好地利用稻田空间而不影响肉鸭活动，采用宽行窄株的方法设计株行距。对于水稻肉鸭共育田，一般行距30～35厘米，株距12～15厘米，每亩栽插1.5万～1.8万穴。机插秧可适当缩减株距，并每隔10～12米留出1条与稻行垂直的宽行，供鸭子换行活动，以利提高稻谷产量。

4. 施肥管理

此阶段的施肥管理主要就是稻田基肥的施用。作为水稻肉鸭共育稻田，可以充分利用鸭粪肥田作用，减少化肥甚至不施化肥，达到优质生产的效果。稻鸭共育田的施肥量最终要根据生产目的来确定。如以生产有机大米为目的，那在整个生产过程中不施加任何化肥、农药，且对周边环境有严格要求。对于这类生产，可以施加有机肥为底肥，每亩按1～1.5吨的量施入腐熟有机肥。

如生产上以绿色和无公害大米为目的，则以腐熟长效的有机肥和复合肥为主，配施少量化肥。对于这类生产，在不施有机肥的情况下，每亩施入复合肥40～60千克、硅肥30千克、硫酸锌5千克；若配施有机肥，则视土壤肥力状况增加有机肥量、减少复合肥量。稻田基肥要一次性施足。在水稻移栽后5～7天、雏鸭尚未入田前可追施一次尿素作为分蘖肥，每亩施用量5～7.5千克，以促进秧苗早发棵、多分蘖，增加田间有效穗数。此后利用鸭粪肥田，不再追施化肥。据研究，在稻鸭共生期内1只鸭可以产生11千克的鸭粪，相当于氮48克、磷71克、钾32克，可达到较好的追肥效果。

5. 水分管理

稻田耕作前放入15厘米深水层，浸泡1～2天后再进行耕作。耕作平田以后，田间要保持浅水层，3～5厘米深即可，以方便秧苗移栽以及栽后活蔸。鸭子放入前一天，可稍微加深水层至6厘米左右，使鸭子既能浮游在水面上活动，也能脚踩泥混田水，提高鸭子的新鲜感与兴奋度。此后，田间保持 3～5 厘米浅水层直至鸭子收回。

二、共生期核心管理技术

雏鸭放入稻田以后就进入了稻鸭共生阶段，开始稻鸭田间管理。

1. 投饲与喂食

进入共生期以后就需要考虑肉鸭的喂养问题，须明确喂什么、喂多少、什么时间喂等问题。捕食稻田中的杂草、草籽、幼虫、虫卵、菌丝体是肉鸭加入稻田的使命，但刚加入稻田的雏鸭即使经过多次采食训练捕食能力还是较差，仅靠自己捕食还不能满足其生长的基本需求。此阶段应坚持肉鸭自行觅食为主，适当补饲为辅的原则添加饲料。

鸭子放入稻田后的前 3 天，放置喂饲器，喂饲器内始终要有饲料，采取少喂勤添的方法，保证每只雏鸭都能吃饱。也使雏鸭从全人工饲养朝自由采食慢慢适应。3 天以后，每天喂食 3～4 次，每次添食量要有所剩余，这样使没吃饱的鸭还可补食。随后几天将每日喂食次数慢慢减少，15 天在人工饲喂的基础上，引导鸭子在田间自由采食，饲喂次数改为 1 日 2 次或 1 日 1 次，以增加鸭子的捕食压力，提高共生效果。前 20 天内应饲喂全价日粮。喂养饲料前期以易消化、营养丰富的食物为主，如碎米、小米和小鸭专用饲料等；21 天后根据情况每天或隔日补充一些粗饲料，如稻糠、麦麸、秕谷等。喂饲时，应固定饲养员使用固定信号管理鸭子，面积较小时可靠人嗓吆喊；面积较大则可采用电喇叭播放音乐的方式召集，方便工作人员对鸭群的管理。为引导鸭子分散觅食，应将饲料分装在稻田区块不同方位，多点饲喂，使鸭子均匀分布到田间捕食，也可降低鸭群集中活动对稻苗造成的伤害。

2. 肉鸭收回

当水稻抽穗后开始灌浆时，稻穗逐渐下垂，此时要避免鸭子对嫩穗的啄食、拉扯、损伤稻穗，影响产量，需要将鸭收回。为了保证鸭群能够快速收回，在平时的喂养交流过程中建立良好的交流模式非常重要也十分必要。收回时，利用喂鸭的时间段，将鸭群集中在鸭舍中，再驱赶出稻田。也可将肉鸭用围网圈在鸭舍附近，继续饲养培肥。

3. 水稻病虫草害的生物防治

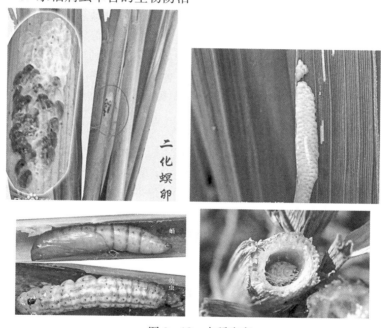

图 3-12　水稻病害

为提高稻米安全品质、卫生品质和环境安全，水稻病虫害（图3-12）要遵循以"生物防治为主、无公害农药为辅"的原则进行综合防治。在稻田肉鸭共育系统中，稻田杂草、昆虫、菌丝体等都可以作为肉鸭的食物，因此水稻的病虫草害主要依靠鸭子防治。但鸭子的功能有强有弱，且捕食也有偏好，还需要采用其他方法配套防治。目前生产上应用较多的生物、物理防治技术包括布置性诱剂、放养赤眼蜂、种植香根草、安装杀虫灯和防虫板等。

（1）性诱剂防治技术。性诱剂又称性信息素，是由性成熟雌虫分泌，以吸引雄虫交配的物质。通过人工合成昆虫的性信息素加入到载体中做成诱芯，用于诱集同种异性昆虫作为害虫预测预报和防治。性诱剂技术对水稻二化螟具有很好的诱杀作用，被广泛运用于生产上。性诱剂的关键部位为诱芯，一般采用水盆悬挂诱芯法和三角形支架法。诱芯的放置密度须结合稻田地形地势，以及虫害发生情况，诱芯与诱芯相隔不能太远，距离太远达不到防治效果，太近则增加劳动量和耗材，一般每5～8米放置一个诱芯，诱芯成列布置。每天检查1次诱盆，捞出盆内虫体，并补充所耗水分。诱芯需每月更换1次，以免失效。

（2）香根草防治技术（图3-13）。该技术利用香根草植株的挥发物对水稻螟虫雌蛾进行诱集进而毒杀。据有关研究表明香根草对水稻螟虫的有效诱集距离为10米左右，距离越近，其诱杀效果越明显。通过在稻田纵向两边或四周种植香根草，可使水稻螟虫田间危害率减轻50%～70%。一般于春季栽种香根草，在早晚稻间隔期加强施肥、治虫等管理，促其良好生长，早晚稻均可达到诱虫效果，并可连年使用（图3-14）。

图3-13　香根草　　　　　　　　图3-14　芝麻

（3）安装杀虫灯和防虫板。不论是杀虫灯还是防虫板都是利用有害成虫的趋光特性而诱杀害虫的物理防治法。频振式杀虫灯诱杀范围广，对鳞翅目、鞘翅目、半翅目、双翅目、直翅目、同翅目的昆虫都具有诱杀作用，诱杀量大，被杀虫灯杀死的昆虫还可以作为鸭子的饵料。频振式杀虫灯价格低，控制范围大，不仅对成虫控制效果明显，还能大幅降低落卵量，被广泛应用于农业生产上。新一代的频振杀虫灯与太阳能电板相结合，它的安装不受电源的限制，应用范围将更广（图3-15，图3-16）。

图3-15　诱蛾灯

图3-16　黄板

（4）放养赤眼蜂。赤眼蜂是膜翅目赤眼蜂科的一种寄生性昆虫，它的成虫产卵于寄主卵内，通过幼虫取食卵黄，后化蛹，并引起寄主死亡。利用赤眼蜂的寄生性可以防治寄主害虫。湖南水稻研究所2009年对96亩稻田放蜂防治二化螟和稻纵卷叶螟，结果显示有80多亩地的卷叶率为0.3%，10多亩地的为4.0%，5～6亩贪青迟熟地的为12.0%；打农药对照的为7.4%，空白对照的田卷叶率为54.7%，可见赤眼蜂对二化螟和稻纵卷叶螟的防治效果与农药防治相当。

赤眼蜂喜欢以初产新鲜卵寄生，它对防治第2代稻纵卷叶螟的效果更为明显。生产上释放赤眼蜂的时间应与稻纵卷叶螟的产卵盛期相吻合，以提高防治效果。采用赤眼蜂进行防治时，可分多批次放蜂。放蜂的时候要注意，赤眼蜂的活动和扩散能力受风的影响较大，因此在放蜂时既要布点均匀，又要在上风头适当增加放蜂点的放蜂量。每亩每次放养密度为 1 万头，隔 3～7 天放 1 次，连续放蜂 3 次效果较佳（图 3-17）。

图 3-17　赤眼蜂

4. 天敌的防御

肉鸭进入稻田后就处于一个相对开放、复杂的环境中，作为不处于食物顶端的动物，肉鸭也面临多种天敌威胁，常见的包括黄鼠狼、鼠、蛇、狗等。要较好地防御天敌，可通过几方面结合进行。一是在稻田围栏边挖出一条水沟，沟宽 50～80 厘米，沟中常留 10 厘米深的水，用水隔离天敌；二是稻田围栏，围栏本身具有一定的防御功能，为加强效果可在围栏边插上防鼠板，板面高度 40 厘米左右，实践证明具有良好的保护效果；三是在围栏网周边设置 3 条或 3 条以上的细铁丝，将这些铁丝与室内脉冲电流发生器接连，一旦有外敌碰撞时就会释放出高压电流击退入侵者，从而起到保护作用；四是加强巡防，可以培训家狗看护，同时还有防盗功能。

三、共生期后的核心管理技术

1. 肉鸭肥育与上市

上岸以后的肉鸭一般有两个去向，继续饲养和上市出售。在稻鸭共育田中长大的肉鸭运动量大，食物结构丰富，加上喂养时间不长（60天左右），品质较好，及时上市销售价格可高出普通肉鸭，效益更好。部分鸭子太小，部分母鸭需要留下产蛋的可以集中在一起继续饲养。

2. 排水搁田

肉鸭水稻共育阶段，稻田内一直留有水层，不能断水。当鸭子上岸以后，应当及时清沟、排水、搁田，否则会因田泥太软，收割机不能入内影响水稻收割。但此时水稻正处于灌浆期，不能过于缺水，等田间水层排完落干以后，搁1～2天，土壤表面出现湿润裂缝时，可以浅灌一次，再自然落干；此后按此规律使土壤处于干干湿湿的状态，以湿为主，既能保证水稻对水分的需求，又能满足根系对空气的需求，保持稻株健壮强韧，实现养根保叶，轻秆活熟，浆足粒饱满的目的。一般在水稻收割前5～7天灌最后一次水，就可以断水干田了。

3. 离鸭期的水稻病虫害防治

鸭子离田以后，稻田失去了保护使者，可能会发生一些病虫害。这阶段以"预防为主，防治结合"，加大其他物理防治和生物防治力度，尽量早发现早控制。一旦发生，则选择安全无公害的农药喷施，以免对产量和品质造成严重影响。

4. 水稻收获

水稻成熟要经历乳熟期、蜡熟期、完熟期和枯熟期。乳熟期，手压穗中部有硬物感觉，用力挤有谷浆迸出；蜡熟期，籽粒内容物浓黏，无乳状物出现，手压穗中部籽粒有坚硬感，米粒背部绿色逐渐消失，谷壳稍微变黄；完熟期，谷壳变黄，米粒水分减少，籽粒变硬，不易破碎。此期是收获最佳时期；枯熟期，谷壳黄色退淡，枝梗干枯，顶端枝梗易折断，米粒偶尔有横断痕迹。

要从外表判断水稻是否进入完熟期，可以"一看二剥三咬"。"一看"，先看颜色，看主穗谷粒是否全部发黄；"二剥"，剥几颗有代表性的谷粒，剥开后看米粒是否通透坚硬；"三咬"，将剥开的米粒用牙咬断，看断面是否光滑整齐。若达到这几个条件表示已经成熟，可以收割了。收割时间需要参考天气、机械、人员等要素，但不能过于推迟，一方面影响下茬作物的种植，另一方面会导致谷粒下掉、发霉、变质，若遇上雨水可能发芽，严重影响产量和品质（图 3-18）。

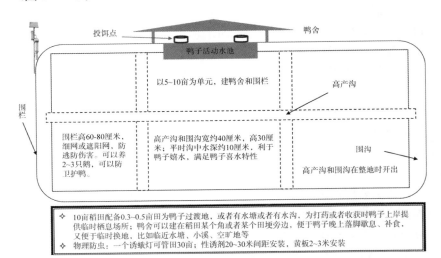

图 3-18　稻鸭共生模式稻田工程平面图

第三节　优质水稻种植技术

随着生活水平的提高，人们对优质的追求成为一种新风尚，优质大米的生产也越来越受到重视。肉鸭稻田生态种养为优质大米生产提供了良好的生境，搭配上优质的水稻种植技术，可为"稻鸭"优质大米打造品牌效应。

一、品种选择技术

选择优质水稻品种是生产优质大米的基础。目前水稻品种繁多，每年还不断增加许多新品种。随着育种家对优质的追求，有越来越多的优质水稻品种问世。适合在肉鸭稻田生态种养系统的优质稻品种还要具备抗逆性强、丰产性较好、分蘖力较高、茎秆粗壮强韧、叶夹角小、中高秆等特点。不同稻区由于气候特点的差异，加上各区生产上推广品种繁杂，不能以偏概全。这里以湖南稻区为例，介绍一些具有推广前景的优质稻品种。

1. 隆晶优1212（图3-19）

（1）品种来源：该品种由隆晶4302A与R1212组配而成。

（2）主要特征特性：籼型三系杂交水稻品种。在长江中下游作双季晚稻种植，全生育期121.9天，比对照天优华占短0.1天。株高102.8厘米，穗长23.0厘米，每亩有效穗数19.2万穗，每穗总粒数150.8粒，结实率83.8%，千粒重25.9克。抗性：稻瘟病综合指数两年分别为3.3、3.6，穗瘟损失率最高级5级；白叶枯病7级；褐飞虱9级；米质主要指标：整精米率61.1%，长宽比3.4，垩白粒率16%，垩白度3.1%，胶稠度52毫米，直链淀粉含量15.7%，达到国家《优质稻谷》标准3级。

（3）产量表现：2015年参加长江中下游双季晚籼中迟熟组绿色通道区域试验，平均亩产575.3千克，比对照天优华占增产0.1%；2016年续试，平均亩产576.5千克，比天优华占增产1.1%；两年区域试验平均亩产575.9千克，比天优华占增产0.6%。2016年生产试验，平均亩产576.4千克，比天优华占增产0.7%。

（4）栽培技术要点：一是根据当地生态条件，适时播种，培育多蘖壮秧。秧田播种量每亩10千克，大田亩用种量1.50千克。二是秧苗叶龄5.5叶移栽，秧龄控制在30天以内；插植规格16.5

厘米×20厘米，每兜插2粒谷秧；三是需肥水平中等，一般亩施纯氮11.5千克，五氧化二磷6千克、氧化钾6.5千克。采取重施底肥，早施追肥，后期看苗补施穗肥的施肥方法，主攻前期分蘖，增加有效穗。加强中后期管理，提高结实率。四是深水活兜，浅水分蘖，够苗及时晒田，促根壮秆防倒伏，后期干湿相间，保持根系活力，忌脱水过早，以防早衰。五是坚持强氯精浸种；秧田期抓好稻飞虱防治以预防南方黑条矮缩病；大田期根据病虫预报，及时施药防治螟虫、稻纵卷叶螟、稻飞虱、稻瘟病、白叶枯病、南方黑条矮缩病、纹枯病等病虫害。

（5）适种地区：适宜湖南、江西、浙江、福建北部、广西北部的稻瘟病轻发区作双季晚稻种植。

图3-19　隆晶优1212

2. 晶两优534（图3-20）

（1）品种来源：该品种由晶4155S与R534组配而成。

（2）主要特征特性：籼型两系杂交水稻品种。在华南作双季晚稻种植，全生育期111.5天，比对照博优998早熟1天。株高105.9厘米，穗长23.2厘米，每亩有效穗数16.7万穗，每穗总粒数153.3粒，结实率84.4%，千粒重23.2克。抗性：稻瘟病综合指数两年分别为3.8、3.8，穗颈瘟损失率最高级3级，中抗稻瘟病，感白叶枯病，高感褐飞虱。米质主要指标：整精米率70.3%，垩白粒率 9.0%，垩白度 1.1%，直链淀粉含量 15.4%，胶稠度 78 毫米，长宽比 3.1，达到国家《优质稻谷》标准 3 级、农业行业《食用稻品种品质》标准二级。

（3）产量表现：2015 年参加华南感光晚籼组区域试验，平均亩产 490.16 千克，比对照博优 998 增产 4.88%；2016 年续试，平均亩产 478.16 千克，比对照博优 998 增产 5.57%；两年区域试验平均亩产 484.16 千克，比对照博优 998 增产 5.22%。2017 年生产试验，平均亩产 461.86 千克，比对照博优 998 增产 10.23%。

（4）栽培技术要点：一是一般 7 月上中旬播种，秧田亩播种量 10 千克，培育壮秧。二是移栽秧龄控制在 25 天以内，栽插株行距 13.3 厘米×26.6 厘米，双本栽插，亩基本苗 6 万左右。三是需肥水平中等，采取重施底肥，及时追施分蘖肥，后期看苗补施穗肥的施肥方法。一般亩施纯氮 10～11 千克，氮、磷、钾用量比例为 1：0.5：0.7，重施底肥（氮肥 70% 作底肥，30% 作追肥），早施分蘖肥，忌后期偏施氮肥。浅水插秧活棵，薄水发根促蘖，亩够及时排水晒田，孕穗至齐穗期田间有水层，齐穗后间歇灌溉，湿润管理，切忌脱水过早。四是坚持强氯精浸种，秧田期注意施药防治稻飞虱以预防南方黑条矮缩病；大田搞好白叶枯病、螟虫、稻飞虱、南方黑条矮缩病、稻瘟病、纹枯病等病虫害的防治，沿海和大片田洋地区尤其要抓好白叶枯病的防治。

（5）适种地区：适宜在广东省（粤北稻作区除外）、广西桂南、海南省、福建省南部的双季稻白叶枯病轻发区作晚稻种植，白叶枯病重发区不宜种植。

图 3-20　晶两优 534

3. 隆晶优 2 号

（1）品种来源：该品种由隆晶 4302A 与华恢 3621 组配而成。

（2）主要特征特性：该品种属籼型三系杂交迟熟晚稻。在湖南作晚稻栽培，全生育期 120 天，与对照天优华占相当。株高 111.5 厘米，株形紧凑，生长势强，叶姿直立，叶鞘紫红色，稃尖紫红色，短顶芒，叶下禾，后期落色好。每亩有效穗 17.6 万穗，每穗总粒数 132 粒，结实率 83.8%，千粒重 28.8 克。抗性：叶瘟 3.7 级，穗颈瘟 5.3 级，稻瘟病综合抗性指数 3.5，白叶枯病 7 级，稻曲病 3 级。米质：糙米率 79.2%，精米率 69.2%，整精米率 64.8%，粒长 7.4 毫米，长宽比 3.5，垩白粒率 10%，垩白度 1.0%，透明度 3 级，碱消值 6.2 级，胶稠度 82 毫米，直链淀粉含量 16%。湖南省评二等优质稻。

（3）产量表现：2013 年湖南省区试平均亩产 490.3 千克，比对照天优华占减产 6.0%。2014 年省区试平均亩产 541.9 千克，比对照天优华占减产 0.5%。两年区试平均亩产 516.1 千克，比对照减产 3.2%，日产量 4.31 千克，比对照低 3.1%。

（4）栽培要点：6 月 18 日左右播种，每亩秧田播种量 10 千克，每亩大田用种量 1.5 千克，浸种进行种子消毒。秧苗叶龄 5.5 叶移栽，秧龄控制在 28 天以内，种植密度 16.5 厘米×20 厘米，每穴插

2 粒谷秧。需肥水平中等，一般亩施纯氮 11 千克、五氧化二磷 6 千克、氧化钾 6.5 千克。重施底肥，早施追肥，后期看苗补施穗肥。搞好后期水分管理，保持根系活力，以防早衰。注意防治稻螟虫、稻飞虱、纹枯病、稻瘟病、稻曲病等病虫害。

（5）适种地区：适宜在湖南稻瘟病轻发区作迟熟晚稻种植。

4. 桃优香占（图 3-21）

（1）品种来源：该品种由桃农 1A 与黄华占组配而成。

（2）主要特征特性：该品种属籼型三系杂交中熟晚稻。在湖南省作晚稻栽培，全生育期 113.4 天。株高 100.8 厘米，株形适中，生长势旺，茎秆有韧性，分蘖能力强，剑叶直立，叶色青绿，叶鞘、稃尖紫红色，后期落色好。每亩有效穗 22 万穗，每穗总粒数 119.5 粒，结实率 79.7%，千粒重 28.8 克。抗性：叶瘟 4.5 级，穗颈瘟 6.0 级，稻瘟病综合抗性指数 3.9，白叶枯病 7 级，稻曲病 1.8 级，耐低温能力中等。米质：糙米率 80.5%，精米率 71.5%，整精米率 63.3%，粒长 7.4 毫米，长宽比 3.4，垩白粒率 20%，垩白度 1.6%，透明度 1 级，碱消值 7.0 级，胶稠度 60 毫米，直链淀粉含量 17.0%。

（3）产量表现：2013 年省区试平均亩产 509.93 千克，比对照岳优 9113 增产 4.28%，增产极显著。2014 年省区试平均亩产 576.45 千克，比对照增产 5.17%，增产极显著。两年区试平均亩产 543.19 千克，比对照增产 4.73%，日产量 4.79 千克，比对照高 3.75%。

（4）栽培技术要点：6 月 22～25 日播种。每亩秧田播种量 12 千克，每亩大田用种量 1.5 千克。秧龄控制在 28 天以内，种植密度：20 厘米×20 厘米或 16.5 厘米×20 厘米，每蔸插 2 粒谷秧。基肥足，追肥速，氮、磷、钾、有机肥配合施用，适当增加磷、钾肥用量。深水活蔸，浅水分蘖，及时晒田，有水孕穗抽穗，后期干干湿湿，不宜脱水过早。大田注意防治稻瘟病、稻曲病、纹枯病、稻飞虱等病虫害。

图 3 - 21　桃优香占

5. 泰优 390（图 3 - 22）

（1）品种来源：该品种由泰丰 A 与广恢 390 组配而成。

（2）主要特征特性：该品种属三系杂交迟熟晚稻。在湖南省作晚稻栽培，全生育期 118.5 天。株高 105.2 厘米，株形适中，生长势强，植株整齐度一般，叶姿平展，叶鞘绿色，稃尖秆黄色，短顶芒，叶下禾，后期落色好。每亩有效穗 20.25 万穗，每穗总粒数 149.55 粒，结实率 81.0%，千粒重 25.2 克；抗性：叶瘟 4.8 级，穗颈瘟 6.7 级，稻瘟病抗性综合指数 4.7。白叶枯病抗性 6 级，稻曲病抗性 6 级。耐低温能力中等。米质：出糙率 81.6%，精米率 73.2%，整精米率 66.5%，粒长 6.7 毫米，长宽比 3.4，垩白粒率 7%，垩白度 1.0%，透明度 1 级，碱消值 7.0 级，胶稠度 70 毫米，直链淀粉含量 17.6%。

（3）产量表现：2011 年省区试平均亩产 514.32 千克，比对照天优华占增产 1.94%，增产不显著。2012 年省区试平均亩产 562.96 千克，比对照增产 4.39%，增产极显著。两年区试平均亩产 538.64 千克，比对照增产 3.17%，日产量 4.55 千克，比对照高 0.25 千克。

（4）栽培要点：作双季晚稻种植，6 月 15～20 日播种，每亩秧田播种量 10～12.5 千克，每亩大田用种量 1.5 千克，秧龄 28 天以内。种植密度 16.5 厘米×20 厘米或 20 厘米×20 厘米，每蔸插 2 粒谷秧。施足底肥，早施追肥，巧施穗粒肥，及时晒田，有水壮苞抽穗，后期干干湿湿，不要脱水过早。注意防治稻瘟病、纹枯病、稻飞虱、二化螟等病虫害。

图 3-22　泰优 390

6. 湘晚籼 17 号（图 3-23）

（1）主要特征特性：该品种属中熟常规晚籼，在湖南省作双季晚稻栽培，全生育期 117 天左右。株高 110 厘米左右，株形适中。叶鞘、稃尖均无色，落色好。湖南省区试结果：每亩有效穗 20.0 万穗，每穗总粒数 124 粒，结实率 82.5%，千粒重 26.1 克。抗性：叶瘟 6 级、穗瘟 9 级、稻瘟病综合评级 7.3，高感穗稻瘟病；白叶枯病 5 级，中感白叶枯病。米质：糙米率 78.7%，精米率 68.5%，整精米率 60.9%，粒长 81 毫米，长宽比 4.1，垩白粒率 9%，垩白度 0.7%，透明度 1 级，碱消值 6 级，胶稠度 84 毫米，直链淀粉含量 17%，在湖南省第六次优质稻品种评选中被评为一等优质双季晚籼稻品种。

（2）产量表现：2007 年湖南省区试平均亩产 435.16 千克，比对照金优 207 增产 0.69%，不显著；比常规稻参比对照湘晚籼 12 号减产 1.70%，不显著。

（3）栽培技术要点：在湖南省作双季晚稻栽培，湘中 6 月 16～18 日播种，湘北略提早 2 天，湘南可略迟。每亩大田用种量 2.5 千克。7 月 25 日前移栽完毕，秧龄以 35 天内为佳，移栽密度 16.6 厘米×20.0 厘米，每蔸 4～5 苗，每亩基本苗 7.5 万～9.0 万。中等偏高肥力水平栽培，前期施足基肥，以有机肥为主；早施追肥，促进分蘖，中后期稳施壮苞肥及壮籽肥；前期以浅水促分蘖为主，中后期保持湿润为主，切忌脱水过早。加强对稻瘟病、纹枯病和白叶枯病的防治。

（4）适宜种植区域：适宜于湖南省稻瘟病轻发区作双季晚稻种植。

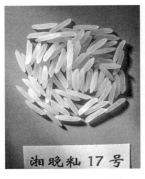

图 3 - 23　湘晚籼 17 号

7. 农香 32（图 3 - 24）

（1）主要特征特性：该品种属籼型常规中熟中稻。在湖南省作中稻栽培，全生育期 137.5 天。株高 126.4 厘米，株形适中，生长势较强，叶鞘绿色，稃尖秆黄色，中长芒，叶下禾，后期落色好。每亩有效穗 14 万穗，每穗总粒数 171.6 粒，结实率 78.1％，千粒重 27.7 克。抗性：叶瘟 5.8 级，穗颈瘟 7.3 级，稻瘟病综合抗性指数 5.6，白叶枯病 7 级，稻曲病 4 级，耐高温能力较弱，耐低温能力较弱。米质：糙米率 72.3%、精米率 62.1%、整精米率 45.0%，粒长 8.0 毫米，长宽比 4.2，垩白粒率 19%，垩白度 1.9%，透明度 3 级，碱消值 4.0 级，胶稠度 83 毫米，直链淀粉含量 13.1%。

（2）产量表现：2013 年省区试平均亩产 489.0 千克，比对照减产 8.4%，减产极显著；2014 年省区试平均亩产 524.36 千克，比对照减产 4.81%，减产极显著。两年区试平均亩产 506.68 千克，比对照减产 6.61%，日产量 3.69 千克，比对照低 9.23%。

（3）栽培技术要点：在湖南丘陵区 5 月 15～20 日播种，在山区 4 月中下旬播种，每亩秧田播种量 10～15 千克，每亩大田用种量 2.5 千克，秧龄 30 天以内。种植密度 16.5 厘米×23.1 厘米，每蔸插 4 粒谷秧。施足基肥，早施追肥，防止氮肥施用过迟过量。及时晒田控蘖，后期湿润灌溉，不要脱水过早。注意防治稻瘟病等病虫害。

图 3-24　农香 32

8. 华润 2 号（图 3-25）

（1）主要特征特性：该品种属常规迟熟晚稻。湖南省区试结果：全生育期 118.6 天。株高 100.3 厘米，株形适中，生长势强，叶鞘、叶耳、叶枕绿色，稃尖无色，无芒，叶下禾，后期落色好。每亩有效穗 22.2 万穗，每穗总粒数 129.5 粒，结实率 85.3％，千粒重 24.0 克。抗性：叶瘟 4.7 级，穗颈瘟 7.0 级，稻瘟病综合抗性指数 4.62 级，白叶枯病 4.0 级，稻曲病 3 级，耐低温能力强。米质：糙米率 80.7％，精米率 72.3％，整精米率 65.8％，粒长 7.4 毫米，长宽比 3.7，垩白粒率 10.0％，垩白度 1.3％，透明度 2 级，碱消值 7.0 级，胶稠度 70 毫米，直链淀粉含量 17.4％。

（2）产量表现：2012 年湖南省区试平均亩产 523.5 千克，比对照天优华占减产 4.14％，减产极显著。2013 年湖南省区试平均亩产 545.54 千克，比对照增产 3.18％，增产极显著。两年区试平均亩产 534.52 千克，比对照减产 0.48％，日产量 4.51 千克，比对照高 0.04 千克。

（3）栽培技术要点：在湖南作双季晚稻种植，一般湘中 6 月 18 日前后播种，湘北适当提早 2～3 天播种，湘南适当推迟 2～3 天播种。秧田每亩播种量 15～20 千克，大田每亩用种量 3～4 千克。秧龄控制在 30 天以内，种植密度 16.7 厘米×20 厘米或 13.3 厘米×23.1 厘米，每蔸插 3～4 粒谷秧。施足基肥，早施追肥，防止氮肥施用过迟过量。及时晒田控蘖，后期湿润灌溉，不要脱水过早。浸种时坚持强氯精消毒，注意防治稻瘟病、纹枯病和稻飞虱等病虫害。

图 3-25　华润 2 号

9. 玉针香（图 3 - 26）

（1）主要特征特性：该品种属常规中熟晚籼，在湖南省作双季晚稻栽培，全生育期 114 天左右。株高 119 厘米左右，株形适中。叶鞘、稃尖无色，落色好。省区试结果：每亩有效穗 28.1 万穗，每穗总粒数 115.8 粒，结实率 81.1％，千粒重 28.0 克。抗性：稻瘟病抗性综合指数 8.2，白叶枯病抗性 7 级，感白叶枯病；抗寒能力较强。米质：糙米率 80.0％，精米率 65.7％，整精米率 55.8％，粒长 8.8 毫米，长宽比 4.9，垩白粒率 3％，垩白度 0.4％，透明度 1 级，直链淀粉含量 16.0％。2006 年第六届湖南省优质稻新品种评选活动中被评为一等优质稻新品种。

（2）产量表现：2007 年湖南省区试平均亩产 426.38 千克，比对照金优 207 减产 1.34％，不显著；2008 年续试平均亩产 461.56 千克，比对照减产 7.15％，极显著。两年区试平均亩产 443.97 千克，比对照减产 4.25％，日产量 3.89 千克，比对照低 0.31 千克。

（3）栽培技术：在湖南省作双季晚稻栽培，湘中宜于 6 月 16～18 日播种，湘北略提早 2 天，湘南可推迟。每亩大田用种量 2.5 千克。7 月 25 日前移栽完毕，秧龄以 35 天内为佳，种植密度 16.6 厘米×20.0 厘米，每穴插 4～5 苗，每亩插基本苗 7.5 万～9.0 万。宜采用中等偏高肥力水平栽培，以充分发挥该品种的增产潜力。前期施足基肥，以有机肥为主；早施追肥，促进分蘖，中后期稳施壮苞肥及壮籽肥；前期以浅水促分蘖为主，中后期保持湿润为主，切忌脱水过早。在苗期、分蘖盛期和抽穗破口期必须加强对稻瘟病预防措施。同时注意预防纹枯病和白叶枯病。

（4）适宜区域：适宜于湖南省稻瘟病轻发区作双季晚稻种植。

图 3 - 26　玉针香

二、栽插技术

进入农业现代化发展阶段以来，水稻栽插方式已经历翻天覆地的变化，由传统的手工移栽发展为机插为主，多种栽插技术并存局面。目前，水稻常见的栽插方式包括：机插、机直播、机抛栽、人工抛栽、人工条播、人工手栽等，下面介绍几种主推的栽插技术。

1. 机插移栽

我们通常称为机插秧技术。机插移栽技术需配合机插旱育秧进行。具体操作流程如下。

（1）选种与晒种：应选用通过国家或地方审定，宜在当地机插种植的优质、高产和综合抗性强的品种。种子质量要求达到国家二级标准以上，纯度 98％以上，发芽率 95％以上，发芽势 85％以上，含水率 15％以下。

稻种经机械处理，除芒、去枝梗。选种前户外晒种 2～3 天，以提高种子发芽率（势）和出苗率。为节约成本，大面积生产上可采用盐水比重法选种，去瘪留饱，缩小种子个体间质量差异，提高种子萌发整齐度。泥水选种液的比重粳稻为 1.08～1.10（鲜鸡蛋浮出水面贰分硬币大小），籼稻为 1.06～1.08（鲜鸡蛋勉强漂浮）。杂交稻种可用清水漂选，分沉、浮两类分别进行处理，以保证同盘种子长势一致。选种后需用清水淘洗干净。

（2）药剂浸种：为了避免种子带菌入大田侵染和传播（如稻瘟病、恶苗病和其他病原菌），选种后还应消毒，以消灭附在种子表面或潜伏在稻壳与种皮之间的病菌。大面积生产上一般消毒与浸种同时进行，即药剂浸种。每5千克种子用施保克（有效成分25%咪鲜胺）45克，配施吡虫啉（10%可湿性粉剂）10克。加清水9～10千克，浸种60～72小时。

（3）催芽：为使浸种后充分吸足水分的种子发芽均匀整齐，提倡用水稻专用催芽机器集中适温催芽。根据设备和种子发芽要求设置温度等各项指标，一般控制在30～35℃，催芽10小时左右。也可用通气透水性好的简易器具代替，上盖稻草或棉被保温保湿。播种前要求种子达到刚"破胸露白"，发芽率95%以上，出芽均匀整齐，芽长不超过1毫米。

（4）苗床准备：一是秧田选择。选择地块平整、土质肥沃、运秧方便及排灌便利的弱酸性沙质壤土作为育秧田块。按照秧田与大田的比例留足秧田，常规稻为1：50，杂交稻为1：60。秧田必须适当提前耕翻晒垡碎土，旱育秧床土要求调酸、培肥和消毒，pH值为5.5～6.5。

二是营养土配制。营养土的质量直接影响钵体苗素质和幼苗生长发育。取肥沃的大田表层土晒干，打碎土块，剔除杂物，用五目细眼网筛过筛留下过筛土。钵盘用土量约1.5千克/盘，常规稻应按1050千克/公顷备足营养土，杂交稻900千克/公顷。在营养土中加入水稻育苗壮秧剂，可显著提高秧苗素质。

三是秧田培肥。播种前20天，一般用无机肥对秧田进行培肥。参考用量：秧田施用氮、磷、钾高浓复合肥（氮、磷、钾总有效养分含量≥40%，比例分别为19%、7%和14%）1050千克/公顷或用尿素450千克/公顷、过磷酸钙1200千克/公顷、氯化钾450千克/公顷。具体用量视取田块的地力酌情而定，菜园土可减少培肥量，甚至不培肥。施肥后应及时翻耕，做到 0～15 厘米土层均匀施肥。

四是秧田整地与秧板制作。播种前 10 天上水整地，以薄水平整地表，无残茬、秸秆和杂草等，泥浆深度达到 5～8 厘米，田块高低差不超过 3 厘米。经过 2 天的沉实后排水晾田，开沟作秧板，要求板面平整。根据钵盘尺寸规格，秧板宽 1.6 米，侧沟宽 0.35～0.40 米、深 0.2 米。做到灌、排分开，内、外沟配套（秧田内横、竖沟与田外沟），能灌能排能降。并多次上水整田耙平，高差不超过 1 厘米。

五是铺设切根网。为了防止秧苗根系在起秧时粘连秧板而影响起秧与机插，同时可防止根系大量窜长至床土中，应在秧盘与秧板之间铺一层纱网，即切根网。

（5）机械播种：一是播期安排。双季稻生产中常因茬口衔接不当导致机插稻秧田期过长，超秧龄移栽严重影响秧苗素质和机插质量。以"宁可田等秧，不可秧等田"为原则，在确保水稻安全齐穗和灌浆结实不受秋季低温危害的前提下，一般根据移栽期及大田让茬时间、大田耕整与沉实时间等，按照预定机插大秧龄 25～30 天以推算适宜播种期。

二是播量设置。实践中，适宜播量关键在于精确控制每个秧盘的播种量，不同类型品种的每盘适宜成苗数不同。因此，每张钵盘播种量应根据壮秧标准以及成苗数和千粒重而定。一般常规早稻每盘播种干谷 75 克，杂交早稻每盘 60 克；晚稻每盘播种量酌情稍减，常规晚稻每盘播 65 克左右，杂交晚稻播 50 克左右。生产上采用机插移栽每亩需要 35～40 盘秧苗，但具体数量会随密度以及成苗率发生变化。

三是机械播种。播前严格调试播种机，使育秧盘内的营养底土填至 2/3 盘体高度；按不同类型水稻品种壮秧标准选控机器播量，精播匀播；盖表土厚度以不见芽谷为宜，不能过厚；摆盘前于秧板上铺设切根网；将播种完毕的育秧盘沿其宽度方向并排对摆于秧板上，盘间紧密铺置，盘底紧贴秧板不吊空。

（6）秧田管理：根据秧苗生理特性和形态特征可将秧田概括为3个时期，依次采取相适宜的管理措施，并对苗期病虫害进行防治。

从播种到2叶期。主攻目标：扎根立苗，防烂芽，提高出苗率与出苗整齐度。关键是协调水气之间的矛盾，以保证底土有充足的氧气与适宜的水分供应，促进扎根立苗。主要措施是湿润灌溉。补水可灌跑马水，做到速灌速排，始终保持土壤湿润状，既不渍水也不干燥。齐苗后（2叶期）即可揭膜，揭膜时间应选择晴天傍晚或阴天上午，避免晴天烈日下揭膜，以防伤苗。若盘内水分不足，可补浇揭膜水，做到速灌速排。

从2叶期到4叶期。主攻目标：促壮苗，保证叶长粗，发生分蘖。关键在于及时补充营养，促进秧苗由"异养"转入"自养"。主要措施是早施断奶肥，水分管理以旱管为主，湿润灌溉相辅。断奶肥于揭膜后3叶期施用，按每盘4克复合肥于傍晚洒施（复合肥氮、磷、钾总有效养分含量≥40%，比例分别为19%、7%和14%）。施肥后用喷壶轻洒清水，防止烧苗。盘面发白、秧苗中午发生卷叶时，应于当天傍晚补水，速灌速排。为防止秧苗旺长，应采取化控措施控制秧苗高度不超过20厘米，以满足机械栽插要求。2叶期每百张育秧盘可用多效唑（15%粉剂）6克对水喷施，喷雾均匀细致，不重喷、漏喷。如果化控时秧苗叶龄较大或因机栽期延迟导致秧龄较长，需适当加大用量。

从4叶期到移栽。主攻目标：提高栽后秧苗抗植伤力和发根力。关键在于提高苗体的营养含量，控水促健根壮苗。主要措施是施好送嫁肥，注意控水。送嫁肥于移栽前2～3天，每盘复合肥用量5克。即使盘面发白，只要秧苗中午不发生卷叶就不必补水。补水方法可用喷壶洒水护苗，若育秧田面积过大，亦可灌跑马水，但应做到秧板无积水。移栽前1天适度浇好起秧水，起盘时还应注意减少秧苗根系损伤。

（7）起盘移栽：机插秧秧龄为25日左右可以进行机插移栽。把秧苗成盘从育秧盘上取下，轻轻卷好，有序放置在插秧机上。在开插之前，还要注意插秧机移动的方向。为促进水稻行间通风透气，行向最好朝南北方向，则意味着插秧机按南北向开动。但具体还得结合稻田的实际方位和田埂长宽走向来定。机插秧移栽后，起身返青期较传统手栽秧长，因此可在移栽后10天左右放鸭。

2. 机直播技术

（1）机械准备：选用2BD-185/6带式精量直播机。播前做好机械调试，重点做好机械维护保养和适宜的播种量调节。

（2）种子处理：选用国标一级良种，播前进行晒种。晒种后每60千克水加4.2%浸丰20毫升和5%高效大功臣20克，浸种谷30～35千克，浸种时间48小时，然后常温催芽播种。为避免谷芽过长影响播种质量，浸种至播种时期应控制在3～5天（最长不超过6天），播种时芽长在一粒谷左右。

（3）整地要求：大田耕整结合基肥使用。采用水平干耕或直接水旋耕作法，基肥于旋耕灭茬前深施，然后整平，达到土肥相融、田面平整，沉实1天后进行机械直播。为避免烂耕烂作，影响机械作业，秸秆还田的每公顷秸秆数量不超过2250千克。

（4）播种控制：播种量依据生产水平、基本苗、种子发芽率而定，一般每亩播种3.5～4千克（干谷重）。在深施基肥、旋耕水平的基础上，提高机手的操作水平，播后配套灌排系统，开通排水沟，做到灌排分开。田内配套围沟，达到内外沟系畅通，并放干田内积水，确保湿润一次全苗。

（5）匀苗补缺：对于田脚较烂、播种质量较差的田块，尤其是机直播田块两头存在断垄现象的，于秧苗2～3叶期及时进行疏密补缺工作。

（6）水分管理：秧苗二叶前湿润齐苗，2 叶期后及时灌上薄水以便施肥与用药，此后掌握浅水促蘗。播后 25 天可放入雏鸭，进入共生期管理。

3. 机抛栽技术

（1）种子选择及处理：在生产上选择分蘗力强、根系发达、茎秆粗壮、抗逆性强、生育期适中的品种（组合），做好熟期搭配，确保安全齐穗。将谷种用清水预浸 6 小时左右，再用强氯精 500 倍液浸泡 35 小时左右，捞出后用清水洗净。

（2）整地：抛秧本田应做到"平、浅、烂、净"的标准，即田面平整、高低不过寸，水要浅，以现泥为好；土壤要上紧下松，软硬适中，田面无杂物。如果是黏泥田应在犁耙后沉淀 2～3 天，放干明水，抢晴抛栽；如果是沙质田块，则随犁随抛。

（3）抛秧前准备：抛秧原理是利用发动机高速旋转时产生的强大风力气流，经通风管连接在储秧盘的圆弧形抛秧槽上，靠强劲风动气流将秧苗抛出，然后按抛物线飞行，当秧苗飞到最高点时，往下作自由落体运动。由于秧苗根部带有泥坨较重，秧苗着泥后，自由定植直立。抛秧前先检查发动机与储秧盘的连接支承架、通风管是否连接可靠，按规定比例将汽油和机油进行均匀混合，比例为20∶1；然后加入油箱，在加油时必须保持加油用具干净卫生，并远离火源。严禁操作人员打火吸烟，以防止火灾发生。启动发动机待运转正常后，进行试抛，根据实际需要调整好储秧盘抛射角度。大风天不能抛，原则上在三级风即应停止抛秧；下雨天不能抛秧；水层过深不能抛，应立即排水，到寸水不漏泥方可抛秧；沉淀时间过长，地板结不能抛秧；秧苗过高不抛秧。一般秧苗控制在 10 厘米最佳，超过 12 厘米时应将苗尖切除一部分，然后再抛秧。

（4）抛秧机操作：启动发动机时，先将风门打开 1/2，待启动后再全部打开。严禁猛轰油门，以防造成拉缸事故。在开始抛秧作业前，尽量将储秧盘装足，然后根据田块大小调整好抛射距离和高度，加大油门，两手相互配合连续不断地将秧苗输送到储秧盘的圆弧形抛秧槽内。在一般情况下将储秧盘仰角调整为 45°左右较为适宜。近距离抛秧或田块较小时，可采用减小油门的方法进行抛秧作业。操作手也可适当加大或减少喂入量来调整秧苗稀密程度。随时注意观察秧苗飞行方向和着落点，尽量达到稀密均匀，合乎农艺高产技术要求。有风天，应顺风抛秧，逆风补秧；利用油门控制先抛远处，然后再抛近处，少拨快送，就是每次拨苗要少，拨动速度要快，这样会使抛秧更加均匀，抛秧时要求第 1 遍抛秧稍稀，然后再补抛 1 次，这样会更均匀。

（5）田间管理：浇水前期要遵循"浅水立苗、薄水促蘖、晒田控蘖"的原则。浅水立苗即抛秧 2～3 天不进水，以利于秧苗扎根；薄水促蘖即灌 2～3 厘米的水层，以利于促进有效分蘖；晒田控蘖即苗数足够时晒田，以利于控制无效分蘖。水分管理的后期遵循"深水孕穗、浅水灌浆、断水黄熟"的原则，即保持 5～10 厘米的水层以利于孕穗，保持 5 厘米水层以利于灌浆，黄熟时断水以利于籽粒成熟饱满。抛秧一般不采用底肥"一道清"的施肥方法，因底肥过多，前期生长旺盛，群体过大，引起成穗率下降，后期脱肥又不利于形成大穗。一般施纯氮 150～180 千克/公顷、磷 75～90 千克/公顷、钾 120～150 千克/公顷。施肥方法是"前促、中控、后补"，即底肥 60%～70%，分蘖肥 20%～25%，穗肥 10%～15%。

三、提质抗逆技术

1. 秸秆还田技术

水稻秸秆中含有大量有机质、氮、磷、钾和微量元素，是农业生产中重要的有机肥源之一。实践证明：秸秆还田后，土壤中氮、磷、钾养分都有所增加，尤其是速效钾的增加最明显。稻草富含纤维素、木质素等富碳物质，是形成水田有机质的主要来源。水稻秸秆还田能改善土壤物理性状，增加土壤团粒结构作用，增强土壤通透性、渗透性，提高地表温度，增强土壤释肥作用。秸秆还田还能补充和平衡土壤养分，提高地力，增加土壤有机质含量，抑制杂草滋长，更好地辅助肉鸭实现除草目的。

秸秆还田方式有几种（图3-27）。一是直接还田，指水稻机械收获后使用半喂入式水稻联合收获机收割水稻的同时，将稻秆切成8～10厘米长段，均匀铺放在本田，耕翻时被压入土壤。二是高留根茬还田，前茬作物收割使用全喂入式水稻联合收割时，人为地将稻根高留茬15～20厘米，在深翻地时压入土壤中。三是秸秆粉碎后还田。水稻脱粒后，将稻草用铡草机或人工切成8～10厘米长段，均匀铺放在本田，翻地时压入土壤中。四是整秆还田，采用水田旋耕埋草机，或水田埋草驱动耙将稻草的整秸秆、乱草、高留茬或已抛撒在田间的粉碎秸秆直接埋覆还田，实现水稻秸秆还田与水田耕整地同步进行。

在四种还田方式中，直接还田和高留根茬还田是比较适合水稻肉鸭共育稻田的方式。在应用中要注意，计划还田的前茬作物一定要做好病虫害的防治，并在秸秆打碎后耕地前灌深水、撒石灰将秸秆中的虫卵和病原杀死，以免带入下茬作物生长季。

图3-27　水稻秸秆还田

2. 冬闲作物培肥技术

冬闲作物是指在光温水资源比较丰富的稻作区，利用冬季闲田种植的作物。冬闲作物有效利用了稻田冬季的光温资源进行生产，通过作物的新陈代谢作用将环境中的无机碳转化成作物体内的有机碳，有利于碳的固定与积累，对缓解温室效应有积极意义。冬闲作物秸秆还入稻田可大大增加土壤有机质的来源，提高土壤微生物活性，促进土壤养分运转，起到改良土壤提升地力的作用。

一季稻田水稻收获后即可着手冬闲作物种植，双季稻田等晚稻收割以后也可以进行冬闲作物种植。冬闲作物选择适宜轻简化栽培、丰产性好、抗逆性强的冬季作物，如油菜、马铃薯、黑麦草、紫云英等。分别以油菜和马铃薯为例，介绍冬季作物种植和培肥技术。

（1）冬闲油菜直播培肥技术：一是选用优良品种。宜选用优质、高产、高抗的杂交双低或常规双低油菜品种。一晚免耕直播油菜可选用中油杂1号、湘油杂1号、油研7号和9号、赣油杂1号及常规湘油15号等。双晚免耕直播油菜选湘油15号、赣油17号等早、中熟品种较好。二是精心播种和整畦。一晚稻田在收割后的10月上中旬播种，双晚稻田在收割前9～12天播种。播种前3～5天稻田应排干水。干旱稻田播种前2～4天应灌一次跑马水。直播油菜种子每亩播种量为300～500克。播种时先将种子与15～26千克肥细土加6～7千克磷肥或50千克草木灰加6～7千克磷肥拌匀后，直接均匀撒播。播种后或双晚收割后即人工或用开沟机开挖相通的腰、围、畦沟，要求沟宽30厘米，畦宽1.1～1.2米，接着将开沟土打碎后盖种或盖于畦中护根。三是间苗、定苗。间苗宜去密留稀，拔去病、弱、杂苗。第一次间苗在齐苗后进行，第二次间苗在长出第二片真叶时进行。油菜长到3～4片真叶时定苗。一般每亩留苗2万～2.3万株。为控制油菜徒长出现高脚苗，一晚田定苗后用多效唑可湿性粉剂50克对水50～60千克喷雾一次。双晚田的油菜种子用5％烯效唑1包加水10千克进行浸种，浸种7～8小时后再拌种、播种。四是科学施肥。一晚田于播种前、双晚田于稻子收割后每亩撒施腐熟猪、牛粪1200～1500千克，或土杂肥1500千克，或泼施对水的腐熟猪、牛尿水 1700～2000 千克，另均匀撒施 15～20 千克三元复合肥加 1 千克硼砂。开春后追施尿素和氯化钾各 5 千克。再于蕾期和花期各喷施一次硼砂，浓度为 125 克硼砂兑水 50 千克。五是病虫害防治。油菜注意防治蚜虫，特别是冬干年份，需对蚜虫进行 1～2 次防治，可用大功臣或蚜虱净掺菊酯类农药效果较好。六是适时翻耕。培肥油菜不需等籽粒成熟，可在早稻或一季水稻栽前 10 天翻耕较好，可结合配施碳铵深翻耕，不宜过早翻耕，否则影响效果。

（2）冬闲马铃薯栽培秸秆还田技术：一是选种催芽。马铃薯应选种生育期短、适销对路、优质高产、抗病性强的早熟品种。挑选表面无损伤、无虫洞、商品性好的脱毒种薯，以单个重 20～30 克的小整薯为好，每亩用种量 130～150 千克。将选好的种薯放于阴湿、铺有 3cm 厚细沙或碳灰的地面上，遮光保湿进行催芽。温度要保持在 15～18℃，待芽长 1 厘米左右时，掀去覆盖物，以便于种薯见散射光炼芽，当芽变紫色时即可播种。个头较大的种薯需切块，使每个薯块重 20～30 克。切刀要用 75% 酒精或 3% 高锰酸钾溶液消毒。注意每个薯块至少保证有 1 个健壮芽，切口应距芽 1 厘米以上。切好后，要立即用 5～10 毫克/升赤霉素溶液浸泡薯块 10 分钟，小整薯要浸泡 15 分钟。取出稍晾晒即用 50% 多菌灵可湿性粉剂 500 倍液喷雾消毒，再用草木灰或生石灰混拌，摊开晾干，以利伤口愈合，防止薯块腐烂。二是整地施肥。马铃薯应在中、晚稻收获后趁土壤湿润及时种植，有利于出苗。前茬水稻收割时尽量留低茬，茬高不超过 12 厘米。选地后一次性施足基肥，马铃薯喜钾忌氯，施钾肥以选用硫酸钾为宜。每亩施腐熟农家肥 2000 千克，三元复合肥 60 千克，硫酸钾 50 千克，将这些肥料均匀撒施于田面。三是开沟做畦。先开好四周围沟，然后按畦面宽 120 厘米开畦沟，畦沟宽 25 厘米，深 20 厘米，挖出的土尽量均匀地抛在畦中间。开沟后用轻便的锄耙锄松畦面表土。四是适时播种。在南方中、晚稻收获后即可播种，一般在 10 月中下旬至 12 月上旬，以 11 月为佳。播种时每畦播 4 行，畦两边各留出 15 厘米；按行距 30 厘米、株距 25 厘米播种。播种时注意种薯芽眼斜向接近土面，将种薯稍微用力压一下，让种薯与土壤密切接合。每亩种 5000～5500 株。播完种后立即在畦面上覆盖稻草。覆盖稻草时要求厚薄均匀。随后清沟，并将泥土均匀压在畦面的稻草上，以防稻草被大风吹走，造成种薯外露。稻草覆盖完后可以适当浇水或浇泼稀薄腐熟人粪尿，以利于出苗。播种后有鼠害的地方需投放毒饵，做好灭鼠工作，以保证全苗。五是间苗。当大部分种薯已出苗时，应及时查苗，用人工将被稻草或泥块卡住的苗细心引出草面，以确保全苗齐苗。当薯苗长有 15 厘米左右高时间苗，每穴只留 1 棵主苗，其余支权全部摘掉，以提高薯块产量和商品率。六是水分管理和追肥。马铃薯既不耐涝也不耐旱，在整个生长期以保持土壤湿润为好。前期如遇干旱天气应及时浇水，以利出苗壮苗；中后期应及时疏沟排水防渍涝。出苗后，每亩用 5 千克尿素兑水 200 千克浇施或用腐熟人尿 150 千克稀释后浇施。结薯期每亩用尿素 5 千克＋硫酸钾 10 千克兑水 200 千克浇施。薯块膨大期每亩用硫酸钾 15 千克兑水 200 千克浇施。后期用 0.3％磷酸二氢钾＋0.5％尿素混合液 75 千克叶面喷施，隔 10 天左右喷 1 次，共喷 2～3 次，以防植株早衰并促进稻草腐烂。收获前 10 天停施肥浇水。七是控苗。封行后，当植株生长过旺时可用 15％多效唑可湿性粉剂 800～1000 倍液喷施，控制徒长，以集中养分供给薯块。八是病虫害防治。马铃薯主要病害有晚疫病，虫害有蚜虫。晚疫病防治，在发病初期每亩用 50％多菌灵可湿性粉剂 500～800 倍液或 70％代森锰锌 800～1000 倍液喷施，隔 7 天再喷 1 次。蚜虫防治，每亩用 10％吡虫啉可湿性粉剂 2000 倍液喷施。九是适期收获。当马铃薯茎叶大部分枯黄，基部叶片脱落，薯块发硬时产量最高，为收获最佳期。采收宜选晴天进行。收获后腐烂的稻草与马铃薯茎叶就地埋入畦沟中，作为早稻基肥翻入土壤(图 3 - 28)。

图 3 - 28　冬季作物秸秆还田

第四章　一年多季稻肉鸭共生模式及其技术要点

第一节　"中稻（一季稻）＋肉鸭"模式

一、种养茬口安排和共生期

一季中稻是我国主要的水稻种植熟季，一般于4月上、中旬至5月中、下旬播种育秧，北方稻区在育秧时需要采用塑料大棚或地膜覆盖等增温保温措施，5月中、下旬至6月上、中旬插秧或抛秧，8月上旬至中、下旬抽穗，杂交籼稻一般于10月初成熟，杂交粳稻和常规粳稻一般要到10月下旬至11月中旬成熟。一季中稻稻鸭共生，雏鸭一般于水稻移栽或抛栽后5～7天开始放入稻田，至水稻抽穗灌浆，大约在乳熟期稻穗开始下垂前将鸭子赶出稻田进行收捕。一季中稻的稻鸭共生期一般为6月上、中旬至9月上旬，需要75～90天。

二、共生特点

一季中稻大田生长季节为5～11月，是光、温、水等自然资源和生态条件比较优越的时期。在一季中稻稻田放养鸭子，实行稻鸭共生的生态种养，具有如下特点：

1. 稻鸭共生季节长，对稻、鸭品种的要求不高，水稻品种和鸭子品种容易搭配，有利于各种品种鸭子的长成和育肥，鸭子的商品性好，商品率高。

2. 水稻所处生长季节经历由低温到高温、再由高温到低温的变化过程，水稻生育期长，绝大部分稻区水稻的抽穗孕穗和灌浆结实期均处于光照充足和温度适中季节，有利于水稻产量的提高和优质品质的形成。

3. 由于一季中稻生长期长，适合于选用能稀植的超高产品种，特别是超级杂交稻品种，这不仅有利于水稻的增产，而且也为稻田鸭提供了比较宽敞的栖息和生活空间，促进了稻鸭共生互惠互利的生态关系。

4. 一季中稻稻田温、光、水等自然资源优越，这对水稻生长十分有利，但也为稻田病虫、杂草的发生发展提供了有利环境，使病虫、杂草危害加重。而采用稻鸭共生更能发挥鸭子的"役禽"效应，提高其生物防治病虫害的效果，但对病虫害严重的稻鸭共生稻田还是要注意辅助以其他无公害防治措施。

三、生态种养关键技术

1. 适时播种，及时早栽秧。一季中稻虽然生育季节较宽松，但适时播种、短秧龄早栽将有利于稻鸭共生水稻的早发、足穗、高产（图4-1，4-2）。

2. 及时孵化或购进雏鸭，适时放养。水稻移栽前要及时孵化雏鸭或购进鸭苗，加强育雏期管理，培育健壮雏鸭，适时、适量放养到稻间与水稻共生，有利于充分发挥共生鸭的"役禽"效应。

3. 加强水稻田间管理。水稻移栽后要合理施肥，科学管水，做好稻田有害生物的无公害治理，协调稻、鸭生长发育，达到稻、鸭增产增收。

4. 适当补饲，及时育肥。一季中稻稻鸭共生的共生期较长，对稻田鸭的补饲十分重要，要做到：前期适当补饲，提高成活率；中期少饲喂，充分发挥其"役禽"作用；后期及时增饲育肥，提高商品性和出肉率。

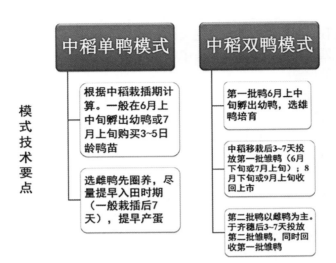

图 4-1　"中稻（一季稻）＋鸭"共生模式

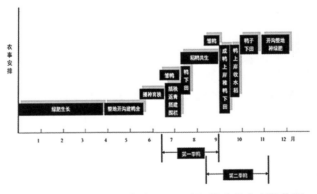

图 4-2　"中稻（一季稻）＋双鸭"模式的农事操作图

第二节　"再生稻＋肉鸭"模式

一、"再生稻头季＋肉鸭"种养模式

再生稻最适宜在温光条件种两季不足、一季有余的中稻地区种植。此外，凡水稻品种（组合）所需的安全生长天数、积温和某一稻作区提供的热量相吻合，该区域就可以蓄留该品种（组合）的再生稻。"再生稻头季＋肉鸭"种养模式的关键种养技术是：

1. 再生稻品种选择

再生稻种植应选用通过审定，生育期适中、抗性强、再生力强、适宜当地种植的水稻品种。

2. 育秧移栽

再生稻的播种应通过优化配置生育期，利用前期相对较低的气温，延长本田营养生长期，为建成穗多穗大的群体提供充裕的时间，打好丰产的基础。再生稻的头季应在旬平均气温≥12℃的适宜播种期内尽量早播（2月下旬至3月上旬）。

3. 再生稻头季鸭子管理

优先选用体形小、适应性广、抗逆性强、生活力强、田间活动时间长、活动量大的鸭子。在水稻移栽后 7 天，将 10～15 日龄经训水锻炼后的雏鸭放入稻田中，平均每亩放鸭 15～20 只，每天早晚一次以辅助饲料喂鸭。于再生稻头季抽穗灌浆、稻穗开始下垂时将鸭子从稻间赶出进行收捕。

4. 头季肥料管理

再生稻头季每亩约施用有机肥 200 千克作基肥。再生季腋芽的分化是与头季灌浆同步进行的，为了保证各节位潜伏腋芽的活力，应在头季稻齐穗后 15～20 天施用促芽肥，此时应以施肥效快的化肥为主，每亩施纯氮（N）9～11 千克，钾（K_2O）6～8 千克作促芽肥。

5. 再生稻头季田间水分管理

头季秧苗移栽时，要求田面湿润或泥皮水，以水不上泥为宜。栽插后第二天早上灌浅水（3 厘米），并保持浅水层 7 天，再生稻头季鸭子下田后，可逐渐增加水层深度，但应保持在 10 厘米以内。头季根系的活力对再生季腋芽的萌发至关重要，因此在头季应实行两次搁田，具体做法是在苗数达到穗数的 80％时开始搁田，采取多次轻晒，以控制无效分蘖，促进根系下扎生长和壮秆健株，但此时应保证田中工作沟蓄满水，以保证鸭子在田间的正常活动。在齐穗至齐穗后 15 天间歇灌溉、干湿交替。齐穗后 15～20 天灌浅水层施促芽肥，施后水层自然落干，搁田直至收割，达到以气养根、活根壮芽的目的。

6. 留桩收割

头季稻收割的时间对再生季的产量至关重要，头季稻完熟时应尽快收割，过晚收割会导致再生季抽穗及灌浆遭遇低温，影响再生季的产量。在海拔 300～500 米中稻区留高桩，掌握"留 2 芽，保 3 芽，争 4、5 芽（倒节位：稻株自上而下）"的原则，割桩位置在倒 2 节位芽上方 10 厘米；在海拔 300 米以下留中高桩，掌握"留 3 芽，保 4 芽，争 5、6 芽"的原则，割桩位置在倒 3 节位芽上方 8～10 厘米，收割时齐割、平割，不踩稻桩，不伤稻桩。

二、"再生稻再生季＋肉鸭"种养模式

"再生稻再生季＋肉鸭"种养模式的关键种养技术是：

1. 再生稻再生季鸭子管理

头季稻收割后 7 天，将 10～15 日龄经训水锻炼后的雏鸭放入再生季稻田中，平均每亩放鸭 15～20 只，每天早晚一次以辅助饲料喂鸭。于再生季稻收获前 15～20 天将鸭子从稻间赶出进行收捕。

2. 再生稻再生季田间水分管理

头季稻收割后 2～3 天保持 3 厘米浅水层，再生季鸭子下田后保持水深 10 厘米，再生季鸭子上田后水层自然落干，搁田，直至再生季收割（图 4 - 3）。

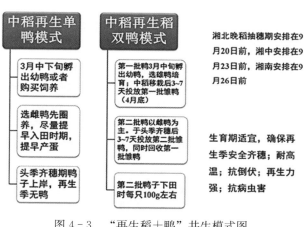

图 4 - 3 "再生稻＋鸭"共生模式图

第三节 "双季稻＋肉鸭"模式

一、"双季早稻＋肉鸭"种养模式

1. 种养茬口安排和共生期

双季早稻主要分布在我国南方的华南稻区和长江流域部分稻区。双季早稻一般于 3 月下旬至 4 月初播种，4 月下旬至 5 月初插秧或抛秧，6 月下旬至 7 月初抽穗，7 月下旬至 8 月初成熟。双季早稻进行稻鸭共生，一般于早稻移（抛）栽后 7～10 天开始把雏鸭放到稻间，于早稻抽穗灌浆、稻穗开始下垂时将鸭子从稻间赶出进行收捕。早稻与鸭子的共生期一般为 4 月底、5 月上旬至 7 月上旬，

60～75 天。

2. 共生特点

南方稻区双季早稻的大田生长季节一般为 4～7 月。在此生长季节内稻田光、热、水资源同步增加，雨量充足，气温由低到高，适合于水稻生长，并且在旱情到来前已经全部收割，产量较稳定。在双季早稻田放养鸭子，实行稻鸭共生的生态种养，其共生特点主要表现为：

（1）双季早稻稻鸭共生期较短，田间水稻密度较高，因此对鸭子品种选择及其与水稻品种的搭配要求较高。为了确保水稻高产和鸭子收捕的商品性，必须选用快长型、早熟型的中小个体鸭品种。

（2）近年来，早稻生产形成了食用稻、原料稻、饲料稻等多用途的需求格局，同时早籼稻谷收割时正值三伏天，利于晒谷，稻谷含水量又低，耐贮藏，有些省、直辖市已建立了"市场牵龙头，龙头建基地，基地联农户"的产业开发模式。这些都为早稻稻鸭共生生态种养提供了高产、高效益的发展机遇。

（3）早稻稻鸭共生由于共生期短，除了要适当提早购进雏鸭和看苗及早放鸭外，还要适当增加补饲数量，及早添饲育肥，使鸭子在收捕时能尽快长足个体，以提高稻田鸭的商品率和食用性。另外，稻田鸭如不能达到市场商品性要求的大小，也可以通过转田到单季稻田和双季晚稻田继续进行生态种养。

（4）早稻生长季节，由于气候特点，稻田病虫害与晚稻比相对较轻，一般来说，通过稻鸭共生生态种养，发挥稻田鸭的"役禽"效应，基本可以达到生物防治病虫、草害的效果。

3. 生态种养关键技术

（1）水稻适时早播早栽：因为双季早晚稻季节较紧，为此要求早稻适时早播早栽，有利于延长水稻生长季节和稻鸭共生期，有利于稻、鸭双丰收。

（2）选用合适的鸭子品种，培育健雏，及早放鸭：由于早春气温较低，早稻生育期短，田间水稻密度较高，因此必须选用快长性、早熟性、耐寒性好的中小个体鸭子品种，同时加强育雏期管理、培育健壮雏鸭，并要适时早放鸭，以延长稻鸭共生时期，促使鸭子长足个体，提高鸭的商品性。

（3）适当增饲，提早育肥：早稻季节较短，前期气温较低，鸭子生长缓慢，因此，在饲养时要适当增加饲料，提早育肥，以保证有较好的营养水平，使鸭子尽快长成成年鸭，以便及时收捕。

二、"双季晚稻＋肉鸭"种养模式

1. 种养茬口安排和共生期

双季晚稻也主要分布在我国南方稻区，一般是6月上、中旬播种，7月中、下旬插秧或抛秧，9月上、中旬（杂交籼稻）或9月中、下旬（晚粳稻）开始抽穗，杂交籼稻一般于10月中旬左右开始成熟，而杂交粳稻和常规晚粳稻一般于10月底至11月中旬成熟。双季晚稻稻鸭共生，一般于水稻移栽或抛栽后7天左右开始把雏鸭放入稻田，至水稻抽穗灌浆期，稻穗开始下垂时将鸭子赶出稻田进行收捕，共生期一般为55～65天（图4-4，图4-5）。

2. 共生特点

南方稻区双季晚稻的大田生长季节一般为7月中、下旬至11月上旬。双季晚稻处于夏秋季节，营养生长期温度高，光照充足，有利于构建高产苗架，生育中后期气温由高到低，昼夜温差逐渐变大，能促进水稻光合作用和干物质积累，同时也有利于提高稻米品质。双季晚稻田稻鸭共生的特点主要有：

（1）水稻生长季节紧，适栽期短：就水稻而言，从早稻收割到连作晚稻栽插前后只有7～10天时间，不失时机抓住这段黄金季节，使连作晚稻适期移栽，是双季晚稻高产、优质的关键。就鸭子而言，选用鸭子品种和进行稻鸭搭配更要讲究科学、合理，可选择中小个体的早熟型鸭子品种，或者放养早稻转田来的半成年鸭，以使鸭子在收捕前能育肥成年。

（2）水稻营养生长期的充足光、温条件，不仅有利于水稻生长，也使稻田病虫、草害会更加严重，因此发挥好稻田鸭对病虫、草害的生物防治作用，并与其他措施结合，起到综合防治效果，往往是双季晚稻田稻鸭共生生态种养取得成功的关键。

（3）双季晚稻田稻鸭共生与早稻田一样，要及早购进雏鸭，看苗及早将雏鸭放入稻间，并要抓紧做好鸭子的补饲育肥和管理，使鸭个体长足，提高其商品性和食用性。

3. 生态种养关键技术

（1）适时稀播，培育壮秧：双季晚稻的移栽期受前作早稻的限制，秧龄一般较长，而且育秧期间温度较高，秧苗易徒长，因此，适时稀播、培育壮秧显得格外重要，以弥补稻鸭共生易造成有效穗数不足的缺陷。

（2）尽量早栽，适当密植：由于连作晚稻有效分蘖期较短，因此早稻收获后要及早移栽，在插足基本苗的同时，早管促早发，有利于保证共生水稻有足够的有效穗数。

（3）培育健雏，及早放养：连作晚稻稻鸭共生期较短，因此，要及早购进鸭苗，加强培育管理，及早放养到稻间，延长稻鸭共生时期，有利于提高鸭的体重和商品性。

（4）适当补饲，推迟收捕：连作晚稻生长季节较短，稻鸭共生后要适当增加补饲量、推迟收捕或转田放养和收捕，并适当提早鸭子的育肥时期，以保证有较好的营养水平，促进鸭子生长。

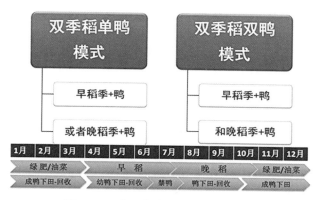

图 4-4　"双季稻＋鸭"共生模式图

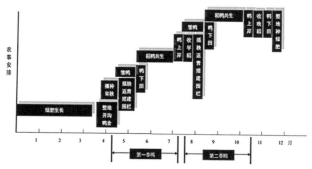

图 4-5　"双季稻＋双鸭"模式的农事操作图

第四节　高密度稻鸭共生模式

一、中稻高密度共生技术

以稻田养殖绿头野鸭为例，稻田养鸭种养技术要点：

1. 稻田整理和基本设施

（1）设置稻田沟系：稻田沟系沟宽 0.8～1.0 米，深 1.0～1.8 米，沟系形状有回字沟、一字沟或十字沟。回字沟为沿田埂内侧开挖"口"形沟，田边内侧形成 4 条环沟，稻田中间仍保持原状，所形成的平面为田面包括四条一字沟，其中一条深 1.2～1.8 米，其余三条深 1.0～1.5 米。

（2）稻田沟系内设置分流浮岛和视觉隔离岛：分流浮岛为梯形分流浮岛，包括一个梯形平面架，梯形平面架内放水生植物水葫芦；梯形平面架的两条平行的边长分别为 2.8～3 米和 0.8～1 米，梯形平面架的高度 0.5～0.8 米，平放在水面。分流浮岛的投放位置为鸭苗入田的一边，相邻两个分流浮岛的设置间隔为 3～5 米。视觉隔离岛为每隔 3～5 米种植的植物，每组植物呈三角种植，每条边长 30～60 厘米；可选择茭瓜等挺水型水生植物种植。

2. 养殖技术

（1）雏鸭选择：选择生命力、适应力、抗逆性均较强的中小型优良鸭品种，推荐采用绿头野鸭，使鸭在稻田中能自由穿行觅食。

（2）养殖方式：养殖方式为围栏式养殖或放牧式养殖两种。围栏式养殖需添置鸭舍于田块任意一角，按坐北朝南的方位建设，鸭舍大小按 8～12 羽鸭/米^2 计算，同时因地制宜，在田块周边设置围栏，围栏密度以刚放养的雏鸭不能通过为宜；放牧式养殖需放养在距离稻田 1000 米以内，按每平方米 8～12 羽鸭计算鸭舍大小，并配备水面供鸭嬉戏。

（3）周年饲养计划：第一批雏鸭于中稻育秧后 3～5 天内孵化出来或购买，中稻季秧苗移栽后 3～7 天，投放 30 日龄左右、个体重 150～250 克的雏鸭，每亩放 90～100 只，稻鸭的共生期为 50～70 天。第二批雏鸭于中稻齐穗前 15 天左右孵化出来或购买，投放 20 日龄左右、个体重 150～200 克的雏鸭，每亩放 90～100 只，稻鸭的共生期为 30～40 天。

3. 饲养过程需解决的问题

（1）该稻鸭共生技术的养鸭密度较大，比稻鸭围栏、放牧共生技术的养鸭密度高1～3倍，应加强对鸭的疾病预防，按时、分阶段对鸭做好疫苗注射，以及鸭舍、喂食台、器具的消毒工作。

（2）该技术共投放了两批雏鸭，且有较严格的投放时期，因此，第二批雏鸭的孵化或购进时间，应配合中稻的生长发育进程（图4-6）。

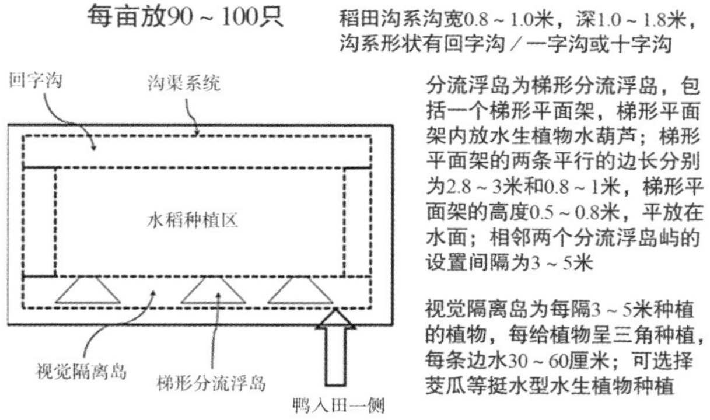

每亩放90～100只　　　　　稻田沟系沟宽0.8～1.0米，深1.0～1.8米，沟系形状有回字沟／一字沟或十字沟

回字沟　沟渠系统

水稻种植区

视觉隔离岛　梯形分流浮岛

鸭入田一侧

分流浮岛为梯形分流浮岛，包括一个梯形平面架，梯形平面架内放水生植物水葫芦；梯形平面架的两条平行的边长分别为2.8～3米和0.8～1米，梯形平面架的高度0.5～0.8米，平放在水面；相邻两个分流浮岛屿的设置间隔为3～5米

视觉隔离岛为每隔3～5米种植的植物，每给植物呈三角种植，每条边长30～60厘米；可选择茭瓜等挺水型水生植物种植

图4-6　高密度稻鸭共生技术的田间设施示意图

二、再生稻高密度共生技术

以稻田养殖绿头野鸭为例，稻田养鸭种养技术要点：

1. 稻田整理和基本设施

（1）设置稻田沟系。同中稻高密度共生技术。

（2）稻田沟系内设置分流浮岛和视觉隔离岛。同中稻高密度共生技术。

2. 养殖技术

（1）雏鸭选择。同中稻高密度共生技术。

（2）养殖方式。同中稻高密度共生技术。

（3）周年饲养计划。第一批雏鸭于再生稻育秧后 3～5 天孵化出来或购买，再生稻秧苗移栽后 3～7 天，投放 30 日龄左右、个体重 150～250 克的雏鸭，每亩放 90～100 只，稻鸭的共生期为 50～70 天。第二批雏鸭于再生稻头季齐穗前 15 天左右孵化出来或购买，投放 20 日龄左右、个体重 150～200 克的雏鸭，每亩放 90～100 只，稻鸭的共生期为 30～40 天，同时回收第一批鸭。第三批雏鸭于再生稻再生季齐穗前 15 天左右孵化出来或购买，投放 20 日龄左右、个体重 150～200 克的雏鸭，每亩放 90～100 只，稻鸭的共生期为 30～40 天，同时回收第二批鸭。

3. 饲养过程需解决的问题

（1）该稻鸭共生技术的养鸭密度较大，比稻鸭围栏、放牧共生技术的养鸭密度高 1～3 倍，应加强对鸭的疾病预防，按时、分阶段对鸭做好疫苗注射，以及鸭舍、喂食台、器具的消毒工作。

（2）该技术共投放了三批雏鸭，且有较严格的投放时期，因此，第二、第三批雏鸭的孵化或购进时间，应配合再生稻的生长发育进程。

第五节　稻鸭鱼萍共生模式

该种养模式将水稻、鸭子、鱼和绿萍这些不同属性的生物，在特定的条件下，利用生物间的时龄差异和时空条件，回避和控制生物间的制约性，达到稻、鸭、鱼同田共生共育，在有限的土地上，同时生产出更多的农产品。该模式可充分利用稻田生态资源，以有益生物（鸭、鱼）控制稻田有害生物（稻田害虫、草等），减少水稻病虫害防治次数，减少农药、化肥施用量，增施有机肥，对于提高稻田经济效益，增加农民收入，发展生态绿色农业，减少农业面源污染，保护环境，保障农业可持续发展都具有积极意义。据浙江省青田县仁庄镇雅林村百亩示范统计，平均亩产稻谷 416.5 千克，鲜鱼 48.2 千克，肉鸭 20.5 千克，总产值达 1433.1 元，扣除各项成本，纯收入达 755.9 元，比单纯种稻纯增收 414.5 元，取得了较好的社会、经济和生态效益。

1. 水稻

水稻管理与单季稻有些不同，应注意以下几点：一是选好品种，应选择茎秆粗壮，耐肥抗倒，耐湿抗病的优质高产品种；二是适龄早栽，合理密植；三是施肥要重施基肥，巧施追肥，重施农家肥，少施化肥；四是尽量少用农药，并选用敌百虫、杀虫双、多菌灵、井冈霉素等对鸭、鱼影响小，且允许使用的无公害农药。喷药时除加深水层外，水剂农药应在露水干后，喷头朝上喷药；粉剂农药应在露水未干时施用；尽量减少药物落在田中。

2. 鸭

插秧时购进雏鸭，在室内培育 10 天左右，待雏鸭健壮、秧苗扎根并开始分蘖时，将雏鸭按每亩 15 只左右放入经塑料网围栏的稻间。放鸭应选择天气晴朗的中午，将清晨空腹不喂的雏鸭，运到固定的简易棚内，在喂饲器放上饲料，让其自由入田活动和觅食。其喂饲器不动，过 1～2 小时在此边唤边喂，到傍晚再边唤边喂 1 次，连续几天，使鸭子在此固定露宿和取食，但此后根据稻田食料情况，只需在每天傍晚喂 1 次即可。水稻成熟前必须将成鸭收捕，以免吃食稻谷而影响水稻产量。

3. 鱼

养鱼前要加高田埂，在稻田内开"田"字形鱼沟，鱼沟宽 40 厘米，沟深 30～50 厘米，各交叉点做鱼坑，鱼坑长、宽、深各 1 米左右，并在灌排水口设双层拦鱼栅。投鱼以大规格鱼苗为主，一般每亩投 4～5 厘米的鱼苗 500～800 尾或 10 厘米左右的鱼苗 200～300 尾，并根据不同鱼类的食性，按比例投放不同鱼种，一般鲤鱼、鲫鱼占 70%，草鱼占 20%，鲢鱼、鳙鱼占 10%。投鱼后要按定质、定量、定时、定位的方法辅以人工喂养。养鱼后的稻田水层管理是水稻拔节前灌 3～5 厘米，拔节后逐步上升到 7～10 厘米，水稻收获后提高到 30 厘米左右，直至成鱼捕捉。

4. 绿萍

稻田平整后投放混合萍种，一般春季以耐低温的细绿萍为主，越夏时以耐高温的卡洲萍为主，每亩放萍量以 100 千克左右为宜。养萍要早放萍种，施好促萍肥，抓好病虫害防治（图 4 - 7，图 4 - 8）。

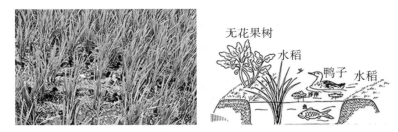

图 4 - 7　稻鱼鸭萍共生

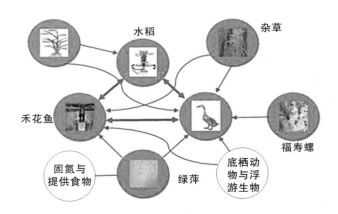

图 4 - 8　稻鸭鱼萍共生模式图

第六节　稻鱼鸭模式及其效益分析

"十百千万"稻鱼鸭模式也叫"十亩百鸭千鱼万元"模式，即水稻 10 亩、鸭 100 只、鱼 1000 尾、纯利 10000 元。此外，该模式也叫水稻大户＋鸭大户双赢模式。

该模式要注意的几个问题：一是早中晚稻面积合理安排，错开农忙季节，减少农机具闲置时间，提高利用率。以一台插秧机平均日插 25 亩为例，4 台插秧机一天可插 100 亩，5 天内完成全部插秧，可插 500 亩，那么你能够设置的早稻面积不超过 500 亩；其余作一季稻（中稻）田安排。二是"十亩百鸭千鱼万元"模式要求稻田集中连片，有充分的灌溉条件，其次准备 0.5 亩左右过渡稻田。根据实际条件，可以安排不超过 100 亩稻田实行该模式。三是每 10 亩单元必须有一个专人负责；或者 100 亩养鸭 1000 只，委托养鸭专业户共同照管。

一、贵州从江稻鸭鱼共生模式典型案例

从江侗乡稻鱼鸭系统位于贵州省东南部，已有上千年历史。当地根据自然条件，形成了在水稻田中"种植一季稻、放养一批鱼、饲养一群鸭"的农业生产方式。2011 年从江侗乡稻鱼鸭系统入选全球重要农业文化遗产，2013 年，入选中国重要农业文化遗产。

1. 从江侗乡稻鱼鸭系统发展过程

从江县世居有苗族、侗族、壮族、水族、瑶族等，少数民族比例高达 94％。当地侗族是古百越族中的一支，曾长期居住在东南沿海，因为战乱辗转迁徙至湘、黔、桂边区定居。虽然远离江海，但该民族仍长期保留着"饭稻羹鱼"的生活传统，稻鱼鸭系统距今已有上千年的历史。这最早源于溪水灌溉稻田，随溪水而来的小鱼生长于稻田，侗人秋季一并收获稻谷与鲜鱼，长期传承

演化成稻鱼共生系统，后来又在稻田择时放鸭，同年收获稻鱼鸭。如今侗族是唯一全民没有放弃这一传统耕作方式和技术的民族。

2. 从江侗乡稻鱼鸭模式技术要点

从空间上看，系统中的各种生物具有不同的生活习性，占有不同的生态位。水上层的水稻、长瓣慈姑等挺水植物为生活在其间的鱼、鸭提供了遮阴、栖息的场所；表水层的眼子菜、槐叶萍等漂浮植物、浮叶植物靠挺水植物间的太阳辐射及水体的营养生长繁殖，从稻株中落下的昆虫是鱼和鸭的重要饵料来源；鱼主要在中水层活动；底水层聚集着河蚌、螺等底栖动物、细菌以及挺水植物的根茎和黑藻等沉水植物，一些螺、河蚌等可为鸭所捕食。

从时间上看，侗乡人根据稻、鱼和鸭的生长特点和规律，选择适宜的时段使它们和谐共生。在雏鸭孵出 3 天后放到田里，一直到农历三月初为止；之后播种水稻，在下谷种的半个月左右放鱼花；四月中旬插秧，鱼的个体很小，可以与水稻共生；稻秧插秧返青后，田中放养的鱼花体长超过 5 厘米时放养雏鸭；水稻郁闭、鱼体长超过 8 厘米左右时放养成鸭；水稻收割前稻田再次禁鸭，当水稻收割、田鱼收获完毕，稻田再次向鸭开放。

3. 从江侗乡稻鱼鸭系统效益分析

（1）生态效益：一是可以有效控制病虫草害。稻瘟病是水稻的重要病害之一，但是在稻鱼鸭系统中其发病率和病情指数明显低于水稻单作田；系统中鱼、鸭通过捕食稻纵卷叶螟和落水的稻飞虱，减轻了害虫的危害；鱼和鸭的干扰与摄食使得杂草密度明显低于水稻单作田。二是可以增加土壤肥力。在稻鱼鸭系统中，鱼和鸭的存在可以改善土壤的养分、结构和通气条件。鱼、鸭吃掉的杂草可以作为粪便还田，增加土壤有机质的含量；鱼、鸭的翻土增大了土壤孔隙度，有利于肥料和氧气渗入土壤深层，有深施肥料、提高肥效的作用；鱼、鸭扰动水层，还改善了水中空气含量。三是可以储蓄水资源。侗乡人用养鱼来保证田间随时都有足够的水，如此鱼才不死，稻才不枯，鸭才不渴。为了保证田块水源不断，雨季时尽可能多储水，侗乡的稻田一般水位都会在30厘米以上。这种深水稻田具有巨大的水资源储备潜力，具有蓄洪和储养水源的双重功效，俨然一座座"隐形水库"。四是可以保护生物多样性。侗乡人保留了多样性的水稻品种。而且，良好的稻田生态环境保持了丰富的生物多样性。螺、蚌、虾、泥鳅、黄鳝等野生动物和种类繁多的野生植物共同生息，数十种生物围绕稻鱼鸭形成一个更大的食物链网络，呈现出繁盛的生物多样性景象。

（2）经济效益：从江县实施"稻鱼鸭系统示范"（图4-9）项目结果表明，稻鱼鸭模式平均亩产量：香禾糯354.8千克，田鱼48.8千克，鸭产量41.6千克，按市场平均价计算，平均亩产值7358元。稻鱼鸭模式平均亩产量：稻谷504千克，田鱼57.5千克，鸭产量42.1千克，按市场平均价计算，平均亩产值6071元。稻鱼鸭模式效益核算：成本合计2598元，亩纯利润3473～4760元。

鱼溜池

简易鸭舍　　　　　　　鱼溜池（嬉水池）

从江田鲤　　　　　　　麻花鸭

稻鸭萍　　　　　　　香禾糯

图 4-9　贵州从江稻鱼鸭共生系统

二、水稻种植大户规模形成原因

1. 散户种粮效益偏低，为水稻种植大户提供了条件

由于粮食价格相对偏低，散户种粮收入较少，部分散户认为种地不合算，因而部分青壮劳力选择外出务工，留守老人、妇女务农，只好将承包地进行转包。一些农户认准粮食规模种植的路子，以较低的价格承包耕地，形成水稻种植大户。

2. 非农产业壮大发展，为水稻种植大户提供了土地资源

由于农村部分男、女青壮劳力进城务工等；有一技之强的技术人才回家创办企业比比皆是。一些务工农民收入高了，自愿放弃土地经营权，为水稻种植大户提供了土地资源，一些看好粮食规模经营的农户接手承包土地进行粮食种植，形成水稻种植大户。

3. 落实惠农政策力度不断加强，为水稻种植大户提供了保障

每年的中央一号文件都出台惠农政策，提高粮食收购价格，加大粮食种植补贴力度，稳定农资价格，加大农资领域的打假力度。一系列惠农政策使水稻种植大户收入增加、负担减轻，积极性大大提高。

4. 土地流转收益高风险少，为水稻种植大户提供了平台

据攸县大同桥万丰生态农业有限责任公司负责人说：散户转租一亩耕地，获 150 千克稻谷和 80 元人民币，聘请其进行田间管理每亩工资 400 元，双抢期间临时出工每日 80 元，种粮补贴归农户享有，土地转包散户每年净收入预计近 1000 元/亩。实行土地流转农民收益好又没有风险，一些农民自愿放弃土地经营权，形成了水稻种植大户。

三、肉鸭产业中存在的问题与制约因素

1. 鸭品种不能满足现代产业化生产的需要

这主要表现在以下两个方面：一是肉鸭品种，这主要是指我国原始北京鸭品种的饲料转化率较低，遇到了前所未有的挑战。北京

鸭系列品种在 30 日龄时体重已经达到 2.0～2.3 千克，但胸肉仅有20 克左右，胸肉率约 2.5％，充分表现出瘦肉率低的"空壳"特性，不能满足市场需要；二是蛋鸭品种，蛋种鸭场的品种来源多样，一般对种鸭不进行系统选育，鸭群自繁自养，近亲繁殖，鸭群整齐度低，体形外貌、生产性能各异。同时，盲目、过多的杂交改良使水禽原有的种质特性在逐渐丧失，一些地方品种资源受到严重威胁。另外，我国企业引进的半番鸭存在一定的退化问题，往往在使用几年后需重新引种。

2. 疫病问题突出

原有的传染病（鸭瘟、鸭病毒性肝炎、番鸭细小病毒病、鸭传染性浆膜炎、大肠埃希菌病、禽霍乱和沙门菌病）仍在流行，而且有些疾病（如鸭病毒性肝炎）的病原发生了变异（基因 C 型鸭肝炎病毒）。同时，新的传染病也在不断出现（副黏病毒病、鸭鹅呼肠孤病毒病、鸭鹅圆环病毒、鸭"脾坏死病"、番鸭"肝坏死病"），并且出现了新的病原（鸭星状病毒）。另外，某些过去认为鸭可感染但不发病的病原（副黏病毒）也已转变为致死性感染，使得养鸭生产的疾病防控工作形势更加严峻。在疾病快速诊断检测技术方面，也表现得明显滞后。缺乏适合于基层使用的疾病快速诊断检测技术，用于疾病预防的疫苗少，且效果有待进一步提高。目前，只有禽流感疫苗、鸭瘟疫苗、番鸭细小病毒病、鸭病毒性肝炎疫苗（血清型 Ⅰ 型）和番鸭呼肠孤病毒疫苗有待于商品化。不按休药期规定和错误用药等现象严重存在。

3. 养殖技术水平不高

当前，养鸭生产中集约化养殖与分散养殖两种方式并存，且小规模农户分散养殖也占有较大比例，工业化程度低。蛋鸭养殖主要采用水域放牧饲养或半放牧饲养，集约化程度低，放牧对周边水域污染严重。肉鸭主要采用大棚养殖方式，养殖设备设施落后，饲养环境脏、乱、差，饲养密度大，饲料转化效率低，极易导致传染病暴发。

4. 饲料与营养不够科学

国内外缺乏对鸭乃至水禽的生理生化、营养、饲养及饲料配制技术的系统研究，我国尚未制定鸭的饲养标准。饲料生产多根据经验或引用肉鸡、蛋鸡标准，或参考美国 NRC 标准，缺乏规范性、科学性，造成饲料浪费，并影响鸭的生产性能，降低了养殖的经济效益，制约了产业的发展。

5. 产品深加工技术滞后

从事板鸭、酱鸭、蛋品加工生产的私人作坊很多，日常生活中鸭的熟食制品，大约 80% 都是家庭作坊和小企业生产的，手工操作。国内鸭加工企业数量虽然多，但大多数企业由于投资规模偏小，资本实力不足，技术力量不强，工业化程度低，加工产品类同，对产业发展的贡献不高。

6. 产品质量安全标准和质量监控体系有待加强

我国传统水禽肉、蛋制品种类繁多，但产品质量标准和质量控制体系依据不强，导致产品质量参差不齐，不但影响了产品形象，更危害消费者健康。大多企业对原料进行质量安全检验时，主要检验外形；部分企业只对终端产品进行安全检验，只有极少企业对食品加工从原料收购、加工、包装、运输、流通到销售进行全程质量监控。

四、稻鸭共生的效益分析与评价

1. 经济效益

稻鸭共生生态种养，与单纯种稻和单纯关养鸭比较，究竟经济效益如何？它能否给稻农和养鸭户增加收入？这是稻鸭共生能否在稻田大面积推广和是否具有应用前景的关键。

由表 4-1 可见，从生产成本上看，稻鸭共生与不养鸭的常规种稻比较，主要是化肥、农药的施用量和施用次数明显减少，田间灌水次数也有所减少，每亩可节省生产成本 98 元，其节省的成本基本可以与苗鸭、饲料、围网等增加的费用（105 元/亩）相抵消；

从生产产值看，稻鸭共生生态种养，通过养鸭增加产值 202.5 元/亩，同时生产的无公害稻谷，虽然产量与常规种稻相仿，但可以每千克加价 0.2 元（指在订单农业中，稻米加工企业收购稻鸭共生农户稻谷的价格）被收购，也能增加产值 85 元，两项合起来每亩可以增加产值 287.5 元。这样计算下来，稻鸭共生比常规种稻每亩能够提高纯收入 274 元。

另外，根据稻鸭共生与关养鸭对比试验，每亩共育 15 只杂交鸭和绍兴麻鸭，从 6 月 21 日鸭子放入稻田，到 9 月 7 日水稻进入成熟期鸭子出田共 79 天共育期，分别喂饲料 4.49 千克和 3.89 千克，比关养鸭分别节省饲料 51.5% 和 57.9%；共生的杂交鸭和绍兴麻鸭，其每只鸭的雏鸭、疫苗、饲料等费用投入分别为 4.26 元和 3.77 元，每只鸭的平均重量分别为 1.61 千克和 1.20 千克，按每千克 11 元的售价计算，每只鸭产值分别为 17.71 元和 13.20 元，产投比分别为 4.16∶1 和 3.50∶1，而关养杂交鸭和绍兴麻鸭，其产投比则分别只有 1.87∶1 和 1.31∶1。由于共生鸭节省饲料，其产投比明显高于关养鸭（表 4-1）。

表 4-1　稻鸭共生与水稻单作的经济效益比较　　　　　　元/亩

模式	生产成本									产值		利润
	育秧移栽	机耕整地	化肥、农药、灌溉费用	田间管理费用	收获费用	苗鸭费用	疫苗、饲料费用	围网费用	合计	水稻	鸭子	
稻鸭共生	86.0	55.0	129.0	60.0	50.0	15.0	55.0	35.0	485.0	935.0	202.5	652.5
常规种稻	89.5	55.0	227.0	50.0	50.0	0.0	0.0	0.0	471.5	850.0	0.0	408.5
比常规±	-3.5	0.0	-98.0	+10.0	0.0	+15.0	+55.0	+35.0	+13.5	+85.0	+202.5	+274.0

2001—2003 年，中国水稻研究所在浙江省共实施稻鸭共生示范 23.03 万亩，水稻平均亩产 474.48 千克，比不养鸭的常规种稻每亩增产 19.84 千克，同时节省化肥、农药成本，再加上无公害稻谷加价收购，每亩水稻增加收入 122.57 元；每亩稻田平均放养鸭 12.49 只，增加收入 104.37 元。两项合计，每亩稻鸭共生可增加收入 226.94 元。按此示范的经济效益推算，2001—2003 年 3 年累计在浙江省推广稻鸭共育 129.55 万亩，实际可为稻农增加收入 2.94 亿元，增产稻谷 2500 多万千克，产生的社会、经济效益十分显著（表 4 - 2）。

表 4 - 2　2001—2003 年稻鸭共生各示范点的平均经济效益

| 水稻季别 | 示范面积（万亩） | 水稻 | | | | 鸭子 | | | | 合计增收（元/亩） |
		产量（千克/亩）	比对照增产（千克/亩）	节本（元/亩）	增收（元/亩）	放养数（只/亩）	成活率（%）	平均重（千克/只）	增收（元/亩）	
连作早稻	13.94	504.1	19.46	36.17	121.08	12.45	89.41	1.38	98.44	219.52
连作晚稻	4.80	447.2	19.56	39.19	150.12	12.81	91.28	1.51	113.58	263.70
单季晚稻	4.03	404.5	21.45	32.35	94.92	12.25	92.98	1.38	113.92	208.84
加权平均	22.77	474.48	19.84	36.10	122.57	12.49	90.44	1.41	104.37	226.94
稻鸭共生	0.26	1858.8	146.17	78.96	336.19	16.50	88.50	1.15	100.20	436.39

2. 社会效益

20 世纪 90 年代以来，随着人民生活水平不断提高，人们不再仅仅满足于吃得饱，而更多的是要吃得好、吃得安全。优质安全的农产品已经成为广大消费者的一种追求，也是增强农产品在国际市场竞争力的需要。稻米作为一种大宗农产品，在绿色消费成为时尚的今天，其品质，特别是安全品质、卫生品质，已成为人们消费稻米时最关注的指标，直接引导消费者的价值取向，决定消费的数量。因此，解决稻谷安全品质和卫生品质的问题具有十分重要的社会、经济和生态意义。采取稻鸭共生生态种养技术，选用优质多抗水稻品种，少用甚至不用化肥、农药，生产的稻米品质上乘，食用安全；稻田家鸭野养，鸭肉鲜美可口，深受消费者欢迎。

　　稻鸭共生稻田生产的稻谷和鸭子分别经农业部稻米及制品质量监督检验测试中心和浙江省食品质量监督检验站检测，结果（表4-3、表4-4）表明，稻鸭共生生态种养的稻谷和鸭肉均符合无公害农产品标准。近年来，在浙江省很多市（县）的稻鸭共生生态种养大户纷纷被有关食品加工企业和粮食加工、经营企业看中，与之签订生产合同，加价收购，这将大大促进稻鸭共生技术的推广和稻、鸭产品产业化的发展。

表4-3　稻鸭共生田稻谷的农药和重金属残留量检测结果

检验项目	检出限值（毫克/千克）	无公害标准值（毫克/千克）	测试结果（毫克/千克）	检验项目	检出限值（毫克/千克）	无公害标准值（毫克/千克）	测试结果（毫克/千克）
杀虫双	0.001	≤0.2	未检出	砷（以As计）	0.00007	≤0.7	0.15
敌敌畏	0.01	≤0.1	未检出	汞（以Hg计）	0.000005	≤0.02	0.006
三氟氯氰菊酯	0.0001	/	未检出	铜（以Cu计）	0.004	≤10	1.8
吡虫啉	0.01	/	未检出	氟（以F计）	—	≤1.0	0.85

表 4 - 4　稻鸭共生田的鸭肉重金属、农药和抗生素残留量检测结果

检验项目	标准规定（毫克/千克）	测试结果（毫克/千克）	单项判定	检验项目	标准规定（毫克/千克）	测试结果（毫克/千克）	单项判定
铜（以 Cu 计）	≤10	4.1	符合	六六六	≤0.2	<0.01	符合
砷（以 As 计）	≤0.5	<0.5	符合	滴滴涕	≤0.2	<0.01	符合
汞（以 Hg 计）	≤0.05	0.02	符合	敌百虫	≤0.1	未检出	符合
铬（以 Cr 计）	≤1.0	0.3	符合	金霉素	/	未检出	符合
镉（以 Cd 计）	≤0.1	0.04	符合	土霉素	≤0.1	未检出	符合
亚硝酸盐	≤3	0.4	符合	/	/	/	/

目前，江、浙、沪及有关省份的稻田大都只种一季稻，冬春季稻田闲置较为普遍，稻田周年资源利用率不高，这对人多地少的省份来说是十分可惜的，也不利于农田综合生产能力的提高。特别是经济较发达地区，由于劳动力价格不断上涨，水稻生产成本高，效益比较低，通过提高稻田复种指数来增加水稻产量已经很难了。而采用稻鸭共生生态种养新模式，通过提升稻田生产的综合效益，来调动稻农的生产积极性，则是提高稻田资源利用率的一个好办法。目前，稻鸭共生已从一季一养发展到多种多养，稻田种养指数和资源利用率明显提高。例如，浙江省桐庐县横村镇孙家村种粮大户陆水良承包粮田 202 亩，全年做到"三种五养"，即种黑麦草、绿萍、水稻，养四批鸭和一批鸡，水稻亩产 521 千克，出售鸡鸭 10600羽，亩均产值 1486.6 元，净收入 693.5 元，夫妻两个劳动力，年纯收入达 14 万元。在陆水良的示范带动下，适合推广此项技术的横村、桐君两镇，"三种五养"的水田面积已发展到 1380 亩。这种以稻鸭共生为基础、由夏秋季种养结合延伸到冬春季种养结合的稻

田周年生态种养复合模式，是提高稻田资源利用率、确保浙江省粮食安全和改善生态环境的有效途径。示范、推广该模式，既能确保生产无公害或绿色农产品，又能节省种稻成本，提高品质和效益，改善和保护生态环境，将十分有利于调动农民种稻积极性和促进水稻可持续发展。

　　推广应用稻鸭共生生态种养需要适度规模。浙江省生产上试验、示范单位一般都是种粮大户，在一个大畈内放养，而稻田少的分散农户很难实施该项新技术。为了解决这个问题，不少稻鸭共生示范单位采取以大户为核心，把周边分散稻农组织起来，建立稻鸭共生合作社，实行适度规模经营，推进稻鸭共生产业化。例如，浙江省温岭市于 2002 年建立了"城北街道田鸭产销合作社"，提高稻鸭共生农户的组织化程度。他们实行产供销一体化运作，注册了"绿育"牌田鸭商标，新建了三间孵房和一个禽蛋加工场，并在黑龙江的牡丹江市、江西的赣州市、山西的大同市设立直销点，同时决定在温州市办一个田鸭批发零售市场，做大做强田鸭产业，2003年田鸭及鸭蛋销售收入 1220 万元，获净利 176 万元。

第五章　稻田肉鸭共生模式多功能开发

第一节　优质农产品开发

据黄兴国、李彦利等人研究表明：与普通栽培水稻条件下相对比，稻田养鸭能提高稻米品质。糙米率、精米率、整精米率呈增加趋势，有利于提高加工品质；垩白度呈下降趋势，外观品质变好；蛋白质含量都得到了提高，氨基酸含量、必需氨基酸及其组分都有所上升。因此，稻肉鸭共育有助于改善稻米品质。

同时，稻肉鸭生态种养对鸭胸肌中水分和蛋白质含量及 pH 值无显著影响，但显著降低了胸肌的脂肪含量。可能是由于肉鸭生态种养条件下肉鸭活动量大，能量消耗多，肌内脂肪的沉积少。稻肉鸭生态种养还有提高鸭胸肌熟肉率的趋势，降低胸肌失水率，显著提高了胸肌的肉色质量。

因此，从试验研究结果来看，稻肉鸭生态种养模式下，稻米和鸭产品的品质都能得到一定程度的改善。如果生产基地条件更加优越，可能更有利于提升鸭和稻米的质量。全国各地已有成功案例也告诉我们，稻肉鸭生态种养模式能够生产出高档优质的稻米和鸭产品。

一、有机鸭稻米开发

有机米是指在栽种稻米的过程中，使用天然有机的栽种方式，完全采用自然农耕法，从选择品种到栽培的方法，困难度都比一般米高出很多。有机大米是遵照国家有机农业生产标准种植生产与加工的。在生产中不采用基因工程获得的生物及其产物；不使用化学合成的农药、化肥、生长调节剂、饲料添加剂等物质；遵循自然规律和生态学原理，协调种植业和养殖业的平衡；采用一系列可持续发展的先进农业技术而获得的有机水稻终端果实，是目前世界上最高品位，有益于人类生存健康的优质大米（图5-1）。

图5-1 有机鸭稻米产品

有机大米与普通大米的区别主要表现在：①有机大米在生产加工过程中绝对禁止使用农药、化肥、激素等人工合成物质，并且不允许使用基因工程技术；绿色大米则允许有限使用这些物质，并且不禁止使用基因工程技术。②有机大米在土地生产转型方面有严格规定，考虑到某些物质在环境中会残留相当一段时间，土地从生产其他食品到生产有机大米需要两到三年的转换期，而绿色大米则没有转换期的要求。③有机大米在数量上进行严格控制，要求定地块、定产量，生产其他大米没有如此严格的要求。④按照国际惯例，有机食品标志认证一次有效许可期为一年，一年期满后可申请"保证认证"，通过检查、审核合格后方可继续使用有机食品标志。⑤绿色大米、有机大米都注重生产过程的管理，绿色大米侧重对影响产品质量因素的控制，有机大米侧重对影响环境质量因素的控制。

1. 生产基地要求

选址是关键。根据水稻生产基地的实际情况来决定能否发展有机水稻生产。当不具备条件时，不可能生产出有机稻米，可以考虑生产绿色或无公害优质稻米，同样可以提高产品价值。

有机水稻生产需要在适宜的环境条件下进行。有机水稻生产基地应远离城区、工矿区、交通主干线、工业污染源、生活垃圾场，并应有相对独立的灌溉水源等。

产地的环境质量应符合以下要求：①土壤环境质量符合GB15618 中的二级标准。②农田灌溉用水水质符合 GB5084 的规定。③环境空气质量符合 GB3095 中二级标准和 GB9137 的规定。

2. 产地要求

产地周边 5000 米以内无污染源，上年度和前茬作物均未施用化学合成物质；稻农技术好，自觉性高；土壤具有较好的保水保肥能力；土壤有机质含量 2.5％以上，pH 值 6.5～7.5；光照充足，旱涝保收。

3. 灌溉水要求

稻肉鸭共生的环境要求为水源充足，水质纯净，渠系配套，稻田灌溉水水质符合 GB5084 的规定。

4. 生产过程要求

在生产基地选好后，生产过程就成为十分关键的环节。生产过程必须严格遵循有机稻米生产要求，按照生产规程进行生产。稻肉鸭共生对于防治病虫害、田间杂草是十分有利的生态安全的方式。如果辅之以物理防控措施，比如诱蛾灯、性诱剂、蜂-蛙-灯、田埂种植有利于天敌有害于害虫的植物就能起到很好防治病虫杂草的作用。

5. 品种选择

必须选择经过认证的达标的，同时经过转换的种子。通过穗选，连续两年的有机栽培获得有机稻种；选择抗逆性强、抗病虫性强、熟期适中的、适口性好的优质品种；禁止使用转基因种子。

6. 本田管理要求

（1）水层管理。采用"两浅""两深""一间歇"的节水灌溉法。插秧至返青结束，浅灌 3～5 厘米。有效分蘖期，浅水促蘖，浅灌 3～5 厘米。有效分蘖期末灌 10～15 厘米深水控蘖。拔节孕穗至抽穗扬花期，深水 5～10 厘米灌溉。灌浆腊熟期，间歇灌水。腊熟末期撤水。

（2）追肥。追拔节肥、穗粒肥各一次，总量 500～1000 千克。

（3）病虫害防治。大型害虫采用杀虫灯诱杀，小型害虫采用黄板诱杀。采用稻田养鸭既有利于防治害虫，又有利于防治纹枯病。农家肥追施过程中及时补充土壤中的硅的含量（草木灰及炉渣），可有效预防稻瘟病、细菌性褐斑病及胡麻叶枯病等病害。

（4）杂草防除。稻草覆盖，插秧后秧苗挺直时，在行间覆盖稻草压草。稻肉鸭共育除草，插秧返青后，每亩投放 0.1～0.2 千克的雏鸭 12～15 只，稻肉鸭共育 50 天，水稻抽穗后收回鸭子。鸭的饲养与调教，将孵化 20 天左右的雏鸭放入稻田，时间在晴天 9：00～10：00。鸭子初放的一个星期，需精心管理，每天早晚各喂食一次，饲料以玉米拌菜为主，食量掌握每天每只 50 克左右，之后逐步减少至停喂。结合田间管理进行人工除草，特别要清除稻心稗草。

（5）收获、脱粒、加工、包装及储藏。收获前将田间倒伏、感病虫害的植株淘汰掉，防止霉变虫食稻谷混入。在水稻完熟期，90％稻粒变黄时收割，分品种实行单收单晒单脱单加工。脱粒，脱粒机进行脱粒，脱粒后在清洁的专用场地上自然晒干至含水率14％以下。加工，按照有机稻米加工操作规程进行统一加工，禁止使用添加剂。包装，用符合有机食品标准要求的包装袋包装。运输，用专用工具运输，运输工具应清洁、干燥、有防雨设施及有机食品专用标识。严禁与有毒、有害、有腐蚀性、有异味的物品混运。储藏，在避光、常温、干燥和有防潮设施的仓库妥善保管储藏，仓库应清洁、干燥、通风，无虫害和鼠害，有明显有机食品标识。严禁与有毒、有害、有腐蚀性、易发霉、发潮、有异味的物品混放，严禁使用化学物质防虫、防鼠和防变，杜绝二次污染。有机稻米上市时，在包装物上还需注明生产者的姓名、采收日期、重要的生产过程、产品优点及特点。

7. 产品加工要求

（1）加工厂选址。有机大米加工所处的大气环境不低于GB3095中规定的二级标准要求。加工厂址要远离垃圾场、医院200米以上；离经常喷洒化学农药的农田500米以上，距交通主干道50米以上，距排放"三废"的工业企业1000米以上。有机大米加工用水应达到GB5749的要求。

（2）工厂要求。设计、建筑有机大米加工厂应符合《中华人民共和国环境保护法》《中华人民共和国食品卫生法》、GB/T26630－2011大米加工企业良好操作规范的要求。应有与加工产品、数量相适应的原料、加工和包装车间，车间地面应平整、光洁，易于清洗；墙壁无污垢，并有防止灰尘扩散和侵入的设施。加工厂应建有足够的原料、成品仓库；原料和成品不得混放。成品库应建设低温库。加工厂的粉尘最高允许浓度为10毫克/米^3，加工车间应采光良好，灯光照度达到500勒克斯以上。加工厂应有更衣室、盥洗室、工作室，应配有相应的消毒、通风、照明、防蝇、防鼠、防蟑螂、防虫、污水排放、存放处理垃圾和废弃物的设施。加工厂应有卫生行政管理部门颁发的卫生许可证。

（3）加工设备。选用先进的环保组合式的精加工设备；要有去石、去铁、去杂设备；并配备抛光机及色选机。产品在整个加工流程中不得与铅及铅锑合金、铅青铜、锰铜、铅黄铜、铸铝及铝合金材料接触。高噪声不得超过80分贝。强烈震动的加工设备应采取必要的防震措施。新购设备的和每年加工开始前要清除设备的防锈油和锈斑，加工季节结束后，应清洁、保养加工设备。有机大米加工应采用专用设备。

（4）加工人员。加工人员上岗前必须经过有机大米生产知识培训，掌握有机大米的生产、加工要求。加工人员上岗前和每年度均应进行健康检查，持健康证上岗。加工人员进入加工场所应换鞋，穿戴工作服、工作帽，并保持工作服整洁。包装、产成品车间工作人员还需戴口罩上岗。不得在加工和包装场所用餐和进食食品。

（5）加工方法。采用较先进的加工设备，首先要净谷，同时把稻谷含水量控制为 15％～16％（配备烘干和加水设备），然后再加工，把破碎率和损失率控制在最低限度，同时要考虑能耗和环保问题。最好真空包装，包装袋大小以 5～10 千克为宜。

（6）加工质量要求。加工精度达到国家标准二等以上时必须提取米珍，使米珍与米糠分离。整精米率要与国际接轨，碎米率控制在 10％以内。精米中留胚率在 80％以上。应制定符合国家或地方卫生管理法规的加工卫生管理制度。每季加工前和每天加工都应及时对厂内重点部件进行卫生整理。制定和实施质量控制措施，关键工艺应有操作规章制度和检验方法，并记录执行情况。建立原材料、加工、贮存、运输、入库、出库和销售流向的完整档案记录，原始记录应保存三年以上。每批加工产品应编制加工批号或系列号，批号或系列号一直延用到产品终端销售，并在相应的票据上注明加工批号或系列号。

二、肉鸭产品开发

适于有机水稻生产的基地，由于产地环境佳，生产过程严格按照有机水稻生产技术规程，如果按照有机认证标准要求，不添加不符合有机要求的鸭饲料，稻肉鸭共生的鸭子品质好，可以保证鸭肉、鸭蛋是高档有机的鸭产品。如果不能达到有机生产标准，则可以按照绿色认证标准，可以生产出绿色鸭产品。如果按照无公害标准，可以生产出无公害鸭产品。不论哪种生产条件，必须结合实际情况，要准确定位鸭产品。然后按照相应标准进行生产，并通过认证，获得有机鸭、绿色鸭或者无公害鸭产品证书，将会显著提高鸭产品的价值（图5-2，图5-3）。

图5-2　鸭蛋产品

图5-3　鸭肉产品

1. 鸭品种选择

稻肉鸭共生对鸭子要求是中小体形、抗逆性好、生活力强、繁殖力强、善活动、喜食野生植物，同时能生产出高品质的鸭肉。对在本技术中选用何种鸭，国内外一致的看法是：①在水田活动表现出色，即除草、驱虫、刺激水稻生长供给肥料等效果好。②产肉性好，即产肉多、肉好吃。③雏鸭的生产性能高，即产卵能力、孵化率高，雏鸭健壮，抗病性强。④易于驯化、方便饲养。⑤耐寒性优异，特别是在寒冷地区。肉鸭良种和当地鸭杂交后的杂交鸭、兼用型鸭和蛋用鸭可直接应用于稻肉鸭共生。比如樱桃谷鸭、北京鸭（图5-4）、麻羽肉鸭、福建番鸭、江南1号鸭、江南2号鸭等体形多为小形或中小形的产蛋型鸭，也有在稻田放牧野鸭的。

图5-4　北京鸭

2. 生产措施

绿色鸭产品除符合一般食品的营养卫生标准外，还应具备无污染、安全、优质的特征，在生产加工及包装储运过程中都必须符合严格的质量和卫生标准。

（1）产地环境要求。场址的水源、土壤完全要符合《绿色食品产地环境技术条件》的要求。

（2）科学规划布局。搞好分区规划，稻肉鸭共生基地与外界、基地内部不同的区域要设置隔离设施，避免闲杂人员和其他动物的侵入，饲养管理人员和设备、用具、车辆的进入要严格消毒。养殖场的畜舍布局要合理，以 50～100 亩一群鸭一个鸭舍为基本单元，保证鸭舍良好的光照、新鲜空气和适宜的饲养密度，并在每个单元合理设置清洁水池。鸭舍采用绿色水稻秸秆建造即可。

（3）抓好饲养过程。适当添加鸭饲料，但要科学选择，采用绿色饲料原料。

（4）严格管理。环境卫生安全是生产绿色畜产品的重要基础。首先，应加强养殖场及其周围环境管理，保持养殖场和畜舍清洁卫生。其次，确保饮水卫生安全，饮水中有害物质广泛存在，因此应常取水样进行微生物和水质检验。第三，保持舍内空气新鲜，气流适宜。第四，搞好疫病综合防治，减少兽药使用。最后，搞好鸭产品加工、贮藏、运输和包装工作，防止畜产品的污染变质。

3. 肉鸭产品

我国有着两千多年的养鸭历史，早在公元前 500 年前后我国就有大群养鸭的记载，人们不仅积累了丰富的稻肉鸭生产技术与实践经验，也造就了不少地方传统肉鸭美食：北京烤鸭、两广烧鸭、南昌板鸭、四川樟茶鸭、南京盐水鸭、武汉精武鸭脖、常德酱板鸭等传统美味食品。

（1）有机鸭蛋：是利用人工驯养的有机鸭，给有机鸭喂谷类饲料所产生的有机鸭蛋。由天然可食用植物所组成的有机鸭补充料，食用该饲料的有机鸭所产的有机鸭蛋能够促使人体血管内皮细胞产生足量的一氧化氮，有益于心脑血管疾病的康复、血管软化、改善免疫功能等作用。同时，鸭蛋可以做成皮蛋、咸鸭蛋等特色产品。

（2）酱鸭产品：主要包括鸭脖，酱板鸭、包括酱鸭翅、酱鸭脖、酱鸭拐、酱鸭掌、酱鸭舌等，具有香、辣、甘、麻、咸、酥、绵等特点，是一道开胃、佐酒佳肴。

（3）鸭熟食产品：熟食产品，包装简易，小巧便于携带，适合于不同人群外出旅游、出差，是现代人最喜欢的一种消费方式。鸭熟食产品有鸭架子、鸭肉、鸭掌、鸭心等多个品种。

（4）鸭绒：具有保暖防寒的作用，是羽绒服中的填充物，可以制作成上等的羽绒服。

三、产品包装

1. 品牌意识（图5-5，图5-6）

图5-5　舜华鸭业　　　　　　图5-6　有爱农业

在确保农产品质量的前提下，要以生产地（产品源头）或者公司或者法人为依据，注册独占的产品logo，强化产品的品牌意识。一方面便于宣传，另一方面有利于获得消费者的认同。当然，必须要确保产品质量，并且要讲诚信，让消费者信得过；其次还可以在超市或农贸市场建立专属销售点，并且通过视频在线直播、微信、公司APP等方式让消费者了解产品源头生产实际情况，增强可信度，逐步打出自己的产品品牌，形成独有的良好口碑。

2. 产品标识

稻肉鸭模式生产的产品，经过认证后，要标有相应的产品质量标识，以体现产品价值。有机产品、绿色食品、无公害食品都有相应的标识。例如：临武鸭、芷江鸭都已经申请成为地理标志产品。所以，基地生产出来的稻米、鸭肉、鸭蛋等产品必须经过政府有关部门认证，获得相应的证书，在产品包装上加以标识，以获得消费者的认同。

3. 包装特色鲜明（图 5 - 7）

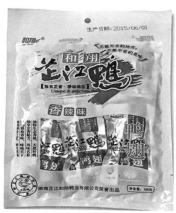

图 5 - 7 湖南芷江鸭产品包装

包装不能太简单、太随意随大流，要体现出产品特色、基地特色，这样有助于品牌的形成。包装上除了产品质量标识以外，还应该包括产品特点、产地情况、产品来源（可溯源）、微信号、公司网址、联系方式等内容。请包装设计公司加以设计，形成特色的包装盒，当然根据不同产品也可以是多种包装形式，来满足不同消费群体的需求。

第二节 农耕文化传承与科普教育

一、农耕文化传承

党的十九大明确指出必须始终把解决好"三农"问题作为全党工作重中之重。"产业兴旺、生态宜居、乡风文明、治理有效、生活富裕"是实施乡村振兴战略的总要求。2018 年中央"一号文件"——

《中共中央国务院关于实施乡村振兴战略的意见》指出，传承发展农耕文明，走乡村文化兴盛之路，走中国特色社会主义乡村振兴道路。传统生态农业"稻田养鸭"技术是中国主要的传统农耕文化遗产，"稻肉鸭共生"技术能产生一定的经济效益、社会效益和生态效益，对中国传统农耕文化遗产的保护与利用具有重要的现实意义。

1. 农耕文化概念

农耕文化，是指由农民在长期农业生产中形成的一种风俗文化，以为农业服务和农民自身娱乐为中心。农耕文化集合了儒家文化，及各类宗教文化为一体，形成了自己独特文化内容和特征，其主体包括语言，戏剧，民歌，风俗及各类祭祀活动等，是中国存在最为广泛的文化类型。

2. 农耕文化的内涵

农耕文化是我国历史悠久的文化，是几千年来中国劳动人民劳动智慧的结晶，它体现和反映了传统农业的思想理念、生产技术、耕作制度以及中华文明的内涵。农耕文化的内涵是什么？仁者见仁智者见智，学者各自有不同的看法。其中西北师范大学的彭金山教授将农耕文化概括为"应时、取宜、守则、和谐"八个字。"应时"：农业生产联系最直接的是时间与节气，在中国古代，人们基本上是生活在按照自然节律和农业生产周期而安排的时间框架之中的。"取宜"：主要是对"地"来说的，即适宜、适合。中国传统农业强调因时、因地、因物制宜，把"三宜"看作是一切农业举措必须遵守的原则。种庄稼最重要的是因地制宜，"取宜"是农业生产的重要措施。"守则"：则，即准则、规范、秩序，它是人与自然长期互动形成的实践原则。"和谐"：农业是农业生物、自然环境与人构成的相互依存、相互制约的生态系统和经济系统，这就是农业的本质。

3. "稻田养鸭"与农耕文化

（1）"稻田养鸭"技术是农耕文化的传承

我国"稻田养鸭"技术最早出现在明代初期，据史料记载有江南水田鸭捕蝗虫、广东沙田鸭啖蟛蜞等事例。最初，人们是对"稻田养鸭"技术功能简单地开发利用，在实践过程中，生产者通过不断地累积和总结生产经验，形成一套较为完善的技术体系。在近代，虽然"稻田养鸭"技术曾因为农药、化肥等农化产品的应用而进入发展低谷，但近年来，由于食品质量和安全问题的出现，生产者和消费者逐渐认识到稻肉鸭共生系统能显著降低病虫害、有效抑制杂草生长。"稻田养鸭"技术应用还具有广阔的发展空间与巨大的潜力。

中国是一个传统的农业大国，以农为本，其延续千年的农业生产类型、农业生产技术、农业民俗等资源弥足珍贵。"稻田养鸭"技术作为我国传统农业中种养结合技术的典范，也属于农耕文化遗产中的农业技术类遗产，并通过不断地创新和改善，焕发出更为强大的生命力。

（2）"稻田养鸭"技术推动农耕文化快速发展

①"稻田养鸭"技术对现代生态农业发展的促进作用

稻田养鸭技术是一项综合型、环保型生态农业技术，它遵循生态学、生态经济学规律，能获得较高的经济效益、生态效益和社会效益。水稻、鸭子和水田组成是一个相对封闭的小环境，人们将根据水稻生长期、水田面积调节鸭子数量，三者互惠互助，共同促进生态环境的良性循环。稻田能够为鸭子提供充足的食物及栖息场所，同时，鸭子能吃掉田里的杂草和害虫，鸭粪能够充当天然的肥料。系统中的每一个要素都在追求最佳的生态平衡关系，从而实现现代生态农业无污染、可持续发展。

②"稻田养鸭"技术减少农药和化肥的使用

农药能快速杀灭病虫杂草，施用化肥可以提高水稻产量，但是两者同时给生态环境和农业的可持续发展带来严重负面影响。"稻田养鸭"技术是绿色环保的技术，其利用动植物之间互相制约、相互作用，使能量向最佳的方向转化，大量减少了化肥、农药、除草剂的使用，保护了环境，提高了生态效益。

③"稻田养鸭"技术增加农民收入

农业是我国的安民之基、治国之要。全面建设小康社会的目标是增加农民收入。大量实践证明，"稻田养鸭"技术不仅能提高稻肉鸭的产量，能生产出有机大米和无公害鸭肉，同时还能节省劳动力，老人、妇女都能进行操作，拓宽了农民致富的渠道，从而增加农民的收入，提高其生产积极性。

二、科普教育

1. 青少年农业科普教育基地

农业科普教育基地是指利用农业生产、生态环境、动物植物、农村生活文化等资源来设计体验活动的休闲农业基地，以休闲的形式和轻松心态来完成农业科学技术和知识的普及。青少年农业科普教育基地是创新教育的重要组成部分，担负着为青少年进行科普思想教育的重任，也是青少年科普知识宣传场所，做好农业科普教育对于拓宽学生的知识面，培育青少年的科学精神、创新思维能力，促进青少年的健康成长发展具有积极的意义。

2. 青少年农业科普教育基地的类型

青少年农业科普教育基地的服务对象是儿童、青少年学生及对农业知识、科学自然知识感兴趣的城市游客。基地应围绕以展示农业科学知识（如动物、植物生长过程），农耕历史文化，生态农业、环保等自然知识和设计动手生产、体验活动为主题元素，开展具有较强的互动性、参与性、趣味性、知识性的科普活动，从视觉、听觉、味觉等多角度来打动和感染科普对象。根据青少年农业科普教育基地教育内容的不同，可分为以下类型：

以德育和乡村文化教育为主题：如乡土乡村历史文化、古农机具展示、特色产品展示、农事操作、环境保护、农耕文化教育、徒步旅行、团队探险等。

以乡土文化艺术教育为主题：如艺术作品展览、插花、压花、编制、陶艺、根雕、异石、瓜果雕刻，观赏鱼缸设计、民居设计与装饰等。

以生物认知和技能训练教育为主题：包括各种动物与植物的认知，植物播种、育苗、栽培、管理、采收、储藏、加工等体验性活动，还有植物的组培、无土栽培，动物的繁殖、饲养，微生物的观察、培养与利用，生物多样性与保护，生态系统的分析与设计，环境的污染与防治，以及配套的检测、化验、分析和培训活动等。

3. 中科院亚热带生态研究所桃源站——湖南省青少年科技教育基地案例

（1）中科院亚热带生态研究所桃源站的基本情况：中科院亚热带生态研究所桃源站地处湖南省常德市桃源县漳江镇，站部建有2400 米^{2}的科研综合楼一栋。桃源站以农业生态系统定位观测研究为基础，以自然集水区为生态系统单元，开展农业生态要素变化动态的联网监测、复合农业经营系统优化构建的生态学研究，为红壤丘陵区农业高效可持续发展提供人为调控技术体系与模式。1998年被湖南省科协命名为"湖南省青少年科技教育基地"，2000 年 5月常德市科学技术普及工作领导小组确定桃源站为"常德市青少年科普教育基地"，2000 年 10 月桃源县科普工作领导小组命名桃源站为"桃源县青少年科普教育基地"，2002 年 5 月中共湖南省委宣传部、湖南省科技厅、湖南省教育厅和湖南省科协联合授予桃源站"湖南省青少年科技教育基地"称号，2002 年 12 月被国家科技部、中共中央宣传部、教育部和全国科协授予"全国青少年科技教育基地"称号。2004 年 7 月被湖南省科技厅认定为湖南省第一批"科学技术普及基地"，同年 9 月成为中国科学院网络科普联盟成员单位。2008 年 5 月，桃源站被授予"湖南省优秀科普基地"称号。桃源站是集农业生态系统定位观测与研究、资源高效利用与农业可持续发展优化模式示范等功能为一体的野外观测试验站。在这里每年都要面向当地农民朋友举办科普活动，并经常在宝洞峪试验场开展青少年农业科普教育活动，向同学们讲解农业科技知识，在专家的指导下进行实验活动，现场感受了科技的神奇魅力，引导广大青少年学科学、爱科学、用科学，提高青少年的科学素质（图5-8，图5-9）。

图5-8　湖南省青少年科技教育基地称号　　图5-9　湖南省科普基地奖牌

（2）科普活动：青少年科技教育基地每年定期组织开展科技活动周、科学公众日等活动；组织"科技大篷车"送科技下乡，内容丰富多彩。①科普内容：青少年科技教育基地展示了"生态学原理""农业生态学知识""生态农业知识""生态农业工程""农业高新技术""农产品优质高产实用技术""农牧业优良品种""绿色食品、有机食品标准""农业科学家""最新农业科技成果"介绍和"健康知识""饮食科学知识"等知识内容。②科普活动形式：技术培训班。基地采取独自举办或联合举办的形式，每年举行技术培训班1～2次。科技讲座。每年在站部和在乡村开展技术讲座3次以上。科技咨询。每年提供科技咨询服务200人次以上。科技活动周。自2001年首届全国科技活动周活动开始，年年参加全国科技活动周活动。科普宣传橱窗。将该所部分科研成果和农业生态科学知识制作成科普橱窗，2002年开始，每年出科普橱窗4期。科普图书、资料。彭廷柏研究员编著的科普专著《生态农业奇观》由湖北科学技术出版社出版，多次重印，被评为优秀图书。每年还组织科技人员编写技术资料数千份，送发给农村基层技术人员和农民。现场技术指导。基地的科研人员每年回到生产一线为广大农民解决技术难题。③科普设施：桃源站"生态研究实验室"和"宝洞峪野外综合观测试验场"及其全部科研仪器、设施和设备都用来开展科普活动（图 5 - 10）。

图 5 - 10　青少年活动场景

　　a. 宝洞峪野外综合观测试验场：宝洞峪试验场由三片丘岗地夹杂着两条冲峪所组成，是一个完整的自然集水区。海拔最高 123 米，最低 89.4 米，相对高差 33.6 米，坡地坡度 4.5°～16°，总面积 12.3 公顷。土壤类型主要为第四纪红土红壤和红壤性水稻土，其中稻田占 13.8%、旱耕地 13.3%、丘岗坡地（坡度＜13°）59.9%、水面 6%、其他用地 13%，具有典型的江南丘陵岗地农业生态区域的地形地貌特征。宝洞峪试验场建有"农田生态系统综合观测试验区""坡地不同生态系统结构功能及演替观测试验区""种质资源引种及生态适应性观测试验区""牧-沼-饲生态系统综合研究试验区"。区内辟有饲料种植区及饲料加工厂、养殖场，养殖场建有沼气池。试验场还建有气象站，气象站配置、安装有AMRS-Ⅰ气象辐射自动观测系统和 MAOS-Ⅰ小气象自动观测系统（2套），能自动观测、记录天气状况、风、空气温度、空气湿度、降雨、降雪、蒸发量、地表温度、辐射、日照时数、地温。

b. 生态研究实验室：实验室房屋 30 间，面积 600 米^2，拥有原子吸收光谱仪、气相色谱仪、可见紫外光分光度计、火焰光度计、电子天平、酸度计、电光显微镜、植物水势仪、气孔计、计算机工作站等仪器设备。

c. 图书室：为营造更好的学习环境，丰富青少年的科学知识，图书资料室购置 1 万余册图书资料。

三、乡村旅游业景观打造

1. 稻肉鸭文化走廊

文化走廊多用于展示历史文化，文学巨制，重点渲染学习气氛。在主道旁边，可以设计稻肉鸭农耕文化走廊，向游客宣传稻肉鸭农耕文化发展过程、稻肉鸭共生的生态学原理、稻肉鸭模式的绿色理念、稻田生态系统的多功能性、生物多样性的重要意义、绿色防控技术的原理与作用、稻肉鸭产品的质量与品质、农产品的简介、鸭饮食文化等方面的知识传播，体现稻肉鸭共生模式的传承与发展的重要性。表现手段主要通过图文呈现，以图为主，简单易懂，一目了然，既要增强可读性，又达到文化宣传的效果。

2. 稻肉鸭小景

（1）戏鸭：设计时，可为带有小孩的一家人提供喂鸭、抓鸭的亲子活动，同时可以为小孩提供雏鸭赠送、定购代养等服务，增强小孩对稻肉鸭共生模式的参与度。鸭群在稻丛中活动，看鸭头，听鸭叫，动静总相宜（图 5-11）。

图 5-11　鸭群在稻丛中活动

（2）鸭蛋：可用稻草制作鸭蛋造型，增强趣味性；可以提供各类鸭蛋产品供游客购买。

（3）鸭造型：可在田中或者入口醒目处，用稻草制作大小鸭造型，特别是利用小孩子喜欢动画片的兴趣爱好，可制作唐老鸭广为人知和喜爱的造型，以增强游客对稻肉鸭模式的认同感，增强对游客的吸引力。

（4）鸭舍：鸭舍具有遮阳防晒、阻风挡雨、防寒保温和防止兽害的功能。10亩或者连片稻田用稻草制作鸭舍，既是鸭群的休息场所，也是稻田一个景观。鸭舍既要简易、干净，又要具有观赏性（图 5-12）。

图 5-12　稻田中的鸭舍

（5）稻草人：田中可以用稻草制作一些稻草人，特别是一个鸭群单位设立1～2个稻草牧鸭人，既可以起到模拟牧鸭的效果，又可以作为稻田一个小景。当然稻草人制作要有艺术性（图5-13）。

图5-13　稻肉鸭图腾

（6）稻田图案小景：利用不同稻叶颜色组配成不同图案，增强趣味性和观赏性（图5-14、图5-15、图5-16、图5-17）。

图5-14　稻田图案小景——脚印

图 5-15　稻田图案小景——求婚

图 5-16　稻田图案小景——卡通鸭

（7）稻草造型：可以用稻草堆成圆锥体、圆柱体、球体等多种形状，还可以用稻草做成房屋或者乘凉耐荫场所或者休憩处。

图 5-17　稻草造型

第三节　品牌开发助推乡村振兴案例分析

一、互联网助推黑龙江省有机"鸭稻米"崛起

我国绿色食品开发最早的省份之一是黑龙江省，它也是我国最大的绿色食品生产基地。其中，拜泉、五常的有机鸭稻种植基地最具有代表性。截至 2018 年，绿色、有机食品认证面积突破 8000 万亩，认证的绿色有机食品总产值 2500 亿元，实物总量 4000 万吨，有效使用"三品一标"产品数量超过 1.3 万个。

1. 产品质量可追溯

鸭稻米是利用鸭子、水稻共作生态学原理，全方位实施纯生态有机栽培与管理生产出来的大米，它是一种天然生态、营养健康的优质绿色有机稻米。该生态种养模式既大大减少化肥、农药的用量，节约成本，也提高了水稻种植效益和大米的营养价值。

黑龙江省的农业公司通过长期生产实践，建立一套产品质量监控可追溯系统来保证稻米质量。公司在有机鸭稻种植基地铺设光纤系统，对整个生产过程进行全程网络实时监控，实现了物联网技术下的精准农业生产。而消费者只要扫描产品上的二维码，就可以验证产品真伪。如需了解生产的全过程，还可以通过手机、电脑等设备随时随地进入公司农产品生产溯源平台，24小时监控水稻种植、鸭子生产、包装、检验的全过程。同时企业还在北京、上海、广州等地设立了绿色（有机）食品体验旗舰店，用户可以切身体验到产品从种植到餐桌的整个过程。企业通过一系列可视化的工作，完整地把产品整个生产过程都让消费者看得清清楚楚，让其更加信任产品质量。

2. 打造营销新平台

黑龙江鸭稻米生产采用纯绿色原始的种植方式，不打农药，不施用化肥、除草剂，其产品的质量较高，品质有安全保障。其大米和鸭子的价格比普通产品要高，如何将生产的农产品推向市场，卖出好价格，是各公司面前的一道难题。通过多年摸索与实践，多数公司主要运用"互联网＋"的营销方式，利用物联网消除消费者的信任危机，建立了从生产到销售，从田间地头到百姓餐桌的闭合产业链，缩短了中间流通环节，降低了产品成本，保证了产品安全。截止到2017年，黑龙江省绿色食品省外销售额1000亿元。例如：五常市王家屯现代农业农机专业合作社积极利用"互联网＋"的营销手段，在电子商务平台上进行电子远程直销鸭稻米；同时，合作社拓宽专业营销渠道，组建了专业营销团队，以团体订购、专营直销、稻田认领等方式，走高端销售路线，积极开发北京、上海、广州、深圳等市场。拜泉县鸿翔亨利米业有限公司（鸿翔亨利水稻产销合作社）与齐齐哈尔绿色有机食品电子商务平台合作，品牌影响力迅速拓展，为企业自主品牌电商化发展创造了有利条件。如今，鸿翔亨利米业有限公司（鸿翔亨利水稻产销合作社）在全国拥有客户 20 万左右，由企业出资建设的有机食品电子商务平台——"汇农天下"，将以有机品牌产品集群推广销售的方式，把黑龙江省绿色有机品牌打入国内外高端市场（图 5-18）。

3. 引领农业新方向

随着人民生活水平的提高，农产品质量安全问题越来越受到大众的关注。黑龙江拜泉、五常两地的鸭稻米合作化生产，不仅改变了传统的靠化肥、农药、除草剂增加产量的种植传统和生产方式，还实现了经济效益、生态效益和社会效益的同步增长。在 2000 年，黑龙江省委、省政府就依托生态资源优

图 5-18　黑龙江鸭稻米

势，确定了"打绿色牌、走特色路"的发展战略。近几年来，政府积极出台各项政策，加快发展绿色食品产业作为调整优化农业结构，促进提质增效和绿色高质量发展。坚持生态优先、绿色发展的理念，强化病虫害全程绿色防控，形成绿色生产方式，唱响质量兴农、绿色兴农和品牌强农主旋律，不断提高绿色有机食品影响力和美誉度。黑龙江省农业委员会副巡视员李世润坚定地说："我们积极推广鸭稻米这种较为典型的绿色有机种植方式，引导和支持各类新型经营主体和广大农户在种植农作物时减少化肥、农药、除草剂的使用，这也是今后较长一段时期黑龙江省加快推进农业现代化，促进农业发展方式转变，实现农业可持续发展的重要方式和举措。"

二、"一县一品"助力精准扶贫，湖南芷江鸭飞向大舞台

芷江位于湖南西部，总区域面积 2099 千米²，辖 28 个乡镇，总人口 36 万。境内气候温和，降雨量适中，水域广阔，溪河、沟渠纵横交错，山塘、水库星罗棋布，水资源和生物资源十分丰富，

芷江又是粮食生产大县，稻田面积大，发展水禽有着得天独厚的条件。芷江鸭是湖南省芷江侗族自治县特产，中国国家地理标志产品，有着 2000 年的养殖历史，具有皮色鲜艳、肉嫩可口、滑爽不腻、回味悠久等独特风味，富含人体必需的营养成分，文化底蕴深厚，特色突出。

1. 芷江鸭生态养殖模式

科学发展生态养殖，合理节约自然资源，不断改善生态环境，实现资源节约与高效利用，是实现芷江养鸭业可持续发展的重要途径。芷江鸭生态养殖的模式较多，但根据其特征大致可归纳为林下养鸭、稻田养鸭（稻肉鸭共育）、果园养鸭种养结合模式、鱼鸭混养模式、中草药饲料添加剂养鸭模式、生物发酵床养鸭模式、旱养模式结合粪污无害化处理与再生利用网上饲养等，每种模式各有其优缺点。

林下养鸭、稻田养鸭（稻肉鸭共育）、果园养鸭等种养结合模式：主要通过林果园、稻田的作物种植与养鸭相结合，让鸭子寻食杂草和虫子，充分利用自然生态饲料，同时利用鸭粪肥地，改良土壤结构、提高土壤肥力，减少化肥农药用量，减少化学物质对环境的污染，保持林果园、稻田良好的生态环境。此种模式适合于散养，不适合规模化生产，且养殖的规模不能超过林地等的载鸭量。

鱼鸭混养模式：此模式一般以池塘水面养鸭，水体养鱼为主。池塘为鸭提供活动场所和丰富的天然饵料，鸭在水中活动有增氧、改善水质的作用，鸭觅食可吃掉鱼的敌害生物和病原体，有防治鱼病的作用；鸭粪为浮游生物的营养源，促进浮游生物繁殖，而浮游生物为鱼类提供上等饵料，促进鱼类快速生长。不过鱼鸭混养模式同样不适合规模化、集约化生产。

中草药饲料添加剂养鸭模式：在鸭子的饲料中添加艾草来替代饲料中抗生素和化学药物、化学饲料添加剂等。艾草是一种绿色的中草药，不会污染环境，可以解决药物残留危害食品安全等问题。

同时，使用硅藻土等硅酸盐添加到饲料中或作为载体用于矿物质饲料添加剂或撒于粪便及畜舍地面上，可以降低鸭舍内氨气浓度。同时微量元素氨基酸螯合盐可降低微量元素的添加量，并相应减少排量，减少环境污染。

生物发酵床养鸭模式：发酵床养殖技术主要是将锯末、稻壳等材料接种生物菌种堆积发酵后用作垫料，粪污分解产生的臭味物质被菌体固定下来，达到降低养殖舍内有害气体浓度、减少养殖污染排放的目的。其优点为有益的发酵微生物提供良好的培养条件，使其迅速消解鸭的排泄物；为鸭提供良好的生活环境，以满足不同季节、不同生理阶段鸭的需要，达到增加养殖效益的目的。此模式适合规模化、集约化生产。缺点是该技术在应用的过程中还存在菌种发酵效果难以控制、易受环境影响、需经常添加益生菌和垫料、维护用工成本大等问题。

旱养模式结合粪污无害化处理与再生利用网上饲养：此模式具有省工、易管理、不受季节限制、肉鸭生长快、发病少、饲料转化率高等优点，投入成本高于传统的地面平养，但是可以通过减少鸭病和提高生产获得更大的经济效益。缺点是必须结合粪污的无害化处理与再生利用，使粪便等有机物通过在沼气池厌氧环境中经微生物分解转化产生沼气、沼液、沼渣等再生资源，以保持和改善生态环境质量，维持生态平衡，才能归入生态养殖的范畴。

2. 产业发展模式

近年来，芷江形成了集"芷江鸭"孵化、养殖、宰杀、加工、销售于一体的产业模式，大力推行"统一"生产经营模式。即：统一提供鸭苗或者免费提供鸭苗、统一技术指导、统一病虫害防治、统一保底回收、统一加工销售。同时，充分发挥龙头企业在养殖户中的示范作用。如芷江民丰农牧科技实业公司，实行"公司＋基地＋养殖户"产供销一条龙的经营模式，促进芷江鸭产品开发，不断改进产品加工工艺，丰富产品种类，带动其他养殖户扩大芷江鸭生态养殖规模，组成 50 多户贫困户的养殖合作社，为贫困户发放鸭苗，提供养殖技术、产品回收、销售跟踪等服务，通过规模生态养殖，创建绿色品牌。

芷江县政府为进一步发掘芷江鸭的文化历史内涵、拓展更加广泛的销售渠道，提升芷江鸭的品牌价值和社会影响力。2017 年，芷江县政府联系了多家省内知名电商平台与企业形成销售对接，并将通过全国总社供销 e 家平台将芷江鸭产品对接到全国 36 个省市的电商企业和大型批发市场。

3. "一县一品"助力精准扶贫

发展推广芷江鸭生态养殖对推进农业和农村经济结构的战略性调整，实现农业增效，精准扶贫，保护生态环境，促进当地畜牧业的可持续发展都有重要意义。为深化农业产业供给侧改革，助力乡村振兴战略实施，芷江积极开展"一县一品"建设，加大对中国地理商标产品"芷江鸭"产业发展支持力度，以线上线下相结合的方式全面引导产销对接，形成"产业—企业—农民"有机融合发展模式，促进产业结构升级，助力脱贫攻坚，进一步提升"芷江鸭"的品牌知名度和影响力，促进当地经济的发展（图 5 - 19）。

以"抓产业发展、促品牌建设、助乡村振兴"为主题，近年来，芷江以产业扶贫为抓手，以"芷江鸭"这块金字招牌引领全县脱贫攻坚产业发展。其中芷江和翔鸭业有限公司目前建有孵化场、养殖基地、年宰杀能力达 200 万羽宰杀车间、深加工车间、200 吨冷冻冷藏库及各种深加工设备，公司年深加工芷江鸭 100 多万羽，

图 5 - 19　稻肉鸭共作

2017 年总产值 8759 万元。2018 年 7 月 27 日，公司为 160 多户贫困户免费发放鸭苗，并将为他们提供养殖技术培训服务，以产业帮助贫困户脱贫，预计能给每户贫困农民带来 3000～4000 元的纯利润，全年可通过养鸭带来 10000～12000 元的纯收入，助力广大农户实现脱贫增收。

三、湖南"临武鸭"成品牌，小小鸭子做成大产业

湖南临武舜华鸭业发展有限责任公司是农业产业化国家重点龙头企业和全国农产品加工业示范企业。自 1999 年 10 月创立以来，公司始终贯彻"服务农民，报效社会"的经营宗旨，构建了"公司＋协会＋农场"的产业化经营模式，致力于中国八大名鸭之一的临武鸭种苗孵化、养殖、加工、销售一体化经营，取得了卓越的成绩。目前，舜华鸭业已建成现代化加工厂 4 座，种鸭场 4 个，养殖农场 186 个，带动临武鸭养殖农户、辣椒种植和油茶种植农户 2 万多户，成为中国最大的麻鸭养殖加工企业。

舜华鸭业以打造百年品牌企业为目标，倡导"名在质量、利在创新"的经营理念，在业界率先通过了 HACCP 国际食品安全管理体系认证，建立了从种养业、加工业到商贸业的纵向全产业链条，研发的"舜华"牌临武鸭、东江鱼、湘西牛、端午粽四大系列 200 多款产品凭借独特的风味和可靠的品质，在消费者心中牢牢树立了"绿色食品、安全食品"的品牌形象，舜华临武鸭成为消费者购买湖南特色食品的首选，产品畅销全国二十多个省市，并荣获了"中国驰名商标""国家地理标志产品保护""中国食品工业质量效益奖""中国食品安全示范单位"等多项殊荣，日益呈现出农业产业化国家重点龙头企业的蓬勃生机。

临武鸭主产于珠江源头之一的武水流域，自然生态条件优越，千百年来享誉湘南粤北。近年来公司持之以恒地宣传，有力地推广了舜华临武鸭品牌，提高了公众对品牌形象的认知度和美誉度，其

产品畅销全国各地，深受广大消费者喜爱。舜华鸭业经过多年打拼，已经成为湖南省农业产业化的一大亮点和农业产业化项目建设中的"湖南品牌"。舜华鸭业将打造成为年产业化产值逾 10 亿元的现代化食品企业集团，直接安置就业 5000 余人，带动 4 万农户年增收 1.6 亿元。在推动社会主义新农村建设，带动农民增收致富，促进区域经济发展方面发挥了积极的作用（图 5-20）。

图 5-20　舜华临武鸭产品